U0390445

协商民主环境决策机制研究

Environmental Decision Mechanism Based on
Deliberative Democracy

中 央 财 经 大 学 财 经 研 究 院
北京市哲学社会科学北京财经研究基地 文库

李 强 著

协商民主环境决策机制研究

Environmental Decision Mechanism Based on
Deliberative Democracy

中国财经出版传媒集团

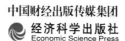

经济科学出版社
Economic Science Press

图书在版编目（CIP）数据

协商民主环境决策机制研究/李强著. —北京：经济科学
出版社，2020.6
ISBN 978 - 7 - 5218 - 1669 - 3

Ⅰ.①协…　Ⅱ.①李…　Ⅲ.①环境政策 – 研究 – 中国
Ⅳ.①X – 012

中国版本图书馆 CIP 数据核字（2020）第 110972 号

责任编辑：王　娟　郭　威
责任校对：齐　杰
责任印制：李　鹏　范　艳

协商民主环境决策机制研究

李　强　著

经济科学出版社出版、发行　新华书店经销
社址：北京市海淀区阜成路甲 28 号　邮编：100142
总编部电话：010 – 88191217　发行部电话：010 – 88191522
网址：www. esp. com. cn
电子邮箱：esp@ esp. com. cn
天猫网店：经济科学出版社旗舰店
网址：http://jjkxcbs. tmall. com
北京季蜂印刷有限公司印装
710×1000　16 开　14.5 印张　190000 字
2020 年 8 月第 1 版　2020 年 8 月第 1 次印刷
ISBN 978 - 7 - 5218 - 1669 - 3　定价：53.00 元
（图书出现印装问题，本社负责调换。电话：010 – 88191510）
（版权所有　侵权必究　打击盗版　举报热线：010 – 88191661
QQ：2242791300　营销中心电话：010 – 88191537
电子邮箱：dbts@ esp. com. cn）

前　言

　　生态兴则文明兴，生态衰则文明衰，勤劳善良的中国人民在追求共同富裕的同时也将实现人与自然的和解，既要绿水青山，也要金山银山。目前我国社会主义现代化建设已进入提供更多优质生态产品以满足人民日益增长的优美生态环境需要的攻坚期，也到了有条件有能力解决生态环境突出问题的窗口期。如何构建更好的环境决策机制已现实地摆在我们面前。在这一历史进程中，每个人都是生态环境的保护者、建设者、受益者，谁也不能只说不做，置身事外，环境治理必然是政府、企业、群众共同参与，共同建设，并形成全社会的自觉行动。协商民主作为一种高层次的参与机制，将其应用于我国的环境治理体系，既可以体现人民当家做主的社会主义本质，也可以解决我国当下环境决策机制生态敏感性不强的问题，定然可以为我国的生态文明建设提供支持，成为我们建设美丽中国的有效工具。

　　在新时代具有中国特色社会主义思想体系下，协商民主环境决策机制通过搭建透明、问责的公共协商平台，给予环境利益各方更为广泛的公平参与机会，促进人们之间的无约束对话，从而形成了更为自由与包容的环境决策机制，可以有效回应我国目前所面临的环境容量有限、生态系统脆弱、风险高的生态环境状况还没有根本扭转的局面，既符合推进协商民主广泛、多层、制度化发展的要求，更是我国生态文明建设的重要组成部分。

　　协商民主环境决策机制相较于其他环境决策机制具有独特的优势。一是协商民主环境决策机制中公平无约束的对话机制可以弥补现有环境决策体系的不足，提高环境决策的程序合法性与执行绩效；二是协商民主决策机制赋予了后代人与生态环境的协商主体地位，从而使得最终决策更加具有生态敏

1

感性；三是重构了生态资源与环境空间的价值认知与实现机制，并将协商性环境价值评估作为环境决策过程的核心；四是以政府为主导，企业为主体，社会组织和公众协商的决策机制，既符合我国的协商民主传统，也与我国的现代化治理体系相耦合。

当然，协商民主环境决策机制作为一种新的尝试，其理论构建与实践应用必然是一个充满挑战的过程，但众人拾柴火焰高，相信在政府、企业和广大人民群众的共同参与下，一定会为我国的社会主义生态文明建设提供有益支撑。

李 强

2020 年 3 月于北京黄寺

目 录 *CONTENTS*

第一章

绪　　论

第一节　问题的提出与研究意义

改革开放 40 年来，我国的经济发展创造了举世瞩目的历史奇迹，已经从一个贫穷落后的国家发展成为世界第二大经济体。遗憾的是，空前成功的经济发展也引发了一定的生态环境问题，有些地区甚至出现了一定程度的生态危机。目前我国空气污染、森林锐减、湿地萎缩等生态资源损耗现象日益凸显，这些都在一定程度上导致了我国生态系统服务功能的损坏甚至丧失，并由此造成了难以挽回的社会财富损失。同世界上其他国家一样，我国的环境决策机制也是一个随着认知发展而不断演进的过程。中华人民共和国建立之后，以毛泽东为核心的第一代领导人以马克思主义的理论立场看待人与自然的关系，主张人与自然之间是一种辩证关系，既有和谐的一面，也有不和谐的一面。我们认识自然的目的在于改造自然，"天上的空气、地上的森林、地下的宝藏，都是建设社会主义所需要的重要因素"。① 这一时期的环境决策机制是行政理性下的政府环境管制。这种环境决策机制的优势在于决策权力高度集中、决策效率高、政治动员能力强，尤其是在应对突发性的生态危机时具有较强的管理优势。环境管制在中华人民共和国成立初期特定的历史时期起到了应有的作用，尤其是

---

① 陈吉宁、马建堂：《国家环境保护政策读本》，国家行政学院出版社 2017 年版。

在应对突发性的生态危机方面成效显著。然而政府环境管制也存在着环境信息不完全、缺乏民主化和科学化的决策程序、决策过程缺乏公开透明性、对环境反馈信息有效回应不足等问题。十一届三中全会后，我国进入了社会主义市场经济阶段，经济发展与自然的关系成为环境治理的核心问题，对此改革开放总设计师邓小平强调在经济发展的同时也要注意人口、资源、环境之间的协调性，明确指出了自然保护的理念。在这一时期，随着社会主义市场经济体系不断发展完善，我国的环境决策机制也走上了"凡是以多种用途为特征的资源稀缺情况下产生的资源分配与选择问题，均可以纳入经济学范围，均可以用经济分析加以研究"[①]的道路，希望通过市场机制实现更为低成本、高效率的环境治理格局。然而几十年的环境治理实践表明，我国与世界其他国家一样，走上了先污染、后治理的道路。我国的生态资源利用总是物质性（生产性）用途过度，而生态服务则利用不足，并没有有效实现生态产品与服务的全价值体现，也没有形成生态资源总体效用最大化，这导致我国一些地区开始出现了生态危机的挑战。

2012 年党的十八大明确了经济建设、政治建设、文化建设、社会建设和生态文明建设"五位一体"的中国特色社会主义总体建设布局，明确提出并号召全国人民努力走向社会主义生态文明新时代。随着生态文明建设的开展，我国的环境状况得到了很大的改善。天更蓝了，山更绿了，水更清了。虽然我国的生态环境质量持续好转，呈现了稳中向好的趋势，但我国环境容量有限，生态系统脆弱，污染重、损失大、风险高的生态环境状况还没有得到根本扭转，环境治理成效并不稳固，犹如逆水行舟，不进则退[②]。

生态兴则文明兴，生态衰则文明衰。在新时代中国特色社会主义思想体系下，社会主义本质是在追求共同富裕的同时也要实现人与自然的和解。我们的社会主义"既要绿水青山，也要金山银山。宁要绿水青山，不

---

① 贝克尔：《人类行为的经济分析》，上海人民出版社 1995 年版，第 85 页。
② 习近平：《推动我国生态文明建设迈上新台阶》，载《求是》2019 年第 1 期。

要金山银山，而且绿水青山就是金山银山。"① 更为重要的是习近平总书记明确指出"生态文明是人民群众共同参与共同建设共同享有的事业，要把建设美丽中国转化为全体人民自觉行动。每个人都是生态环境的保护者、建设者、受益者，没有哪个人是旁观者、局外人、批评家，谁也不能只说不做，置身事外"②。为实现这一要求，必然需要我们发展出一种既充分具有社会主义人民民主特征，又可以有效应对生态危机的新的环境决策机制，在此背景下，强调公共协商，具有更好的生态敏感性的协商民主环境决策机制不失为一种好的选择。

按照美国学者斯蒂芬·艾斯特的观点可知③，协商民主研究经历了三个发展阶段。第一个阶段主要是针对协商民主的规范正当性以及理论必要组成要素的讨论；第二个阶段是如何实现协商民主的制度化问题；第三个阶段是探讨如何将协商民主理论运用到不同的政治情境中。协商民主环境决策机制作为协商民主理论在环境决策领域的具体实现，应当属于第三个发展阶段。与传统的环境决策模式不同，协商民主环境决策机制给予各环境利益方更为广泛的公平参与机会，促进人们之间的无约束对话，搭建透明、问责的集体讨论平台，从而形成更为自由与包容的协商过程，环境决策因而更加包容和有效。当前环境决策的协商转向已然成为世界环境决策机制的潮流，当然也应成为我国环境决策机制的发展趋势。我国有着悠久的民主协商传统，协商民主作为社会主义民主政治的特有形式早已存在，党的十八届三中全会提出推进协商民主广泛、多层、制度化发展，这使得协商民主环境的环境决策研究成为一个具有充分理论探讨空间和价值的学术问题，更是进一步发展完善我国环境决策机制的必然要求，可以说协商民主作为未来环境决策过程的一个新转向将为我国的环境决策机制带来新的发展空间和设想。

---

① 习近平：《弘扬人民友谊共同建设"丝绸之路经济带"》，载《光明日报》2013 年 9 月 8 日。
② 习近平：《推动我国生态文明建设迈上新台阶》，载《求是》2019 年第 1 期。
③ 斯蒂芬·艾斯特：《第三代协商民主》（上、下），载《国外理论动态》2011 年第 3 期。

第二节　学术成果梳理

近年来，随着环境问题的日益凸现，人们对自由民主制度能否充分应对环境问题的复杂性与非线性提出了质疑，认为自由民主体制下的竞争性选举、个人自由和私人产权容易以牺牲环境来换取发展和资本积累，从而导致环境政策不具有生态理性。基于如上认知，一些学者主张将更具有生态理性的协商政治传统概念引入环境决策之中，从而增加环境决策的正当性，于是协商民主理论在 20 世纪 80 年代复兴之后很快在德雷泽克等学者的推动下进入环境决策领域。经过一段时间的发展，协商民主理论已经从理论探讨拓展到实践应用，范围囊括了从区域性的环境治理到全球气候变化谈判的诸多方面，并发展成为环境治理的新趋势。下面我们将从国内外两方面对环境治理过程中的协商转向做出梳理。

（一）国外学术成果梳理

目前协商民主理论在环境决策领域的应用研究主要在三个方面展开。一是协商民主环境决策机制的理论优势研究。为证明协商民主环境决策机制的优越性，学者们从不同角度论证了协商民主理论对环境治理的适应性。格雷厄姆·史密斯（Graham Smith，2003）的研究指出传统的成本效益分析等工具无法反映多元价值环境，而协商民主则可以弥补这一缺陷取得更好的价值回应。沃尔特·F. 巴伯（Walter F. Baber，2004）认为协商民主与生态系统的互适性能够解决复杂、跨部门、多层次的环境问题，可以使环境决策更具有民主合法性和有效性。罗宾·埃克斯利（Robyn Eckersley，2005）认为协商民主的无约束对话、包容性和社会学习内容尤为适合于环境决策。珍妮·斯蒂尔（Jenny Steele，2001）认为随着人们对环境风险的认知加深，环境决策更是一种价值选择过程，因而协商民主的价值讨论可以让环境决策更具有正当性。乔纳森·奥尔德雷德（Jonathan Aldred，2002）通过比较意愿价值评估和公民陪审团，发现后者在环境价值评估中具有更多的优势，从而可以带来更好的环境决策。赛格夫

（M. Sagof，1998）认为经过协商形成的环境支付意愿更有利于形成公共环境价值。迈克尔·雅各布斯（Michael Jacobs，1997）认为协商可以通过更多的公共观点、更多的认知信息以及生态社区认同感带来更好的环境决策。迈克尔·雷·哈里斯（Michael Ray Harris，2010）指出协商民主可以排除政治对代理机构的干预，从而提高环境代理决策机构的合法性。马尔库·莱顿（Markku Lehtonen，2006）通过分析经济合作与发展组织（OECD）国家的环境绩效评估发现环境绩效评估中的协商因素可以提高政府主导的环境决策过程合法性。斯图尔特·法斯特（Stewart Fast，2013）利用哈贝马斯的协商理论分析了地方性可再生能源利用方面具有的环境正义性优势。费利克斯·劳施迈耶（Felix Rauschmayer，2006）认为协商可以更好地解决环境冲突。保罗·C. 斯特恩（Paul C. Stern，2005）指出相对于其他方法，协商性环境价值评估更加具有从整体上认知环境风险的优势。约翰·R. 帕金斯（John R. Parkings，2005）指出协商民主是一种更具有可持续发展性的自然资源管理思路。当然也有学者对协商民主理论与环境治理的适应性提出了质疑，如曼努埃尔·阿里亚斯·马尔多纳多（Manuel Arias Maldonado，1999）认为协商民主理论忽略了话语的公正性因而并不利于理性环境政策的产生。

二是协商民主环境决策机制的实践方式研究。在协商民主环境决策的实践层面，学者们通过实践总结进一步发展了协商民主环境理论。克雷格（Thomas，Craig W，2000）和比尔纳（Regina Birner，2007）通过对动物栖居地和森林保护的研究发现，协商民主是一种有利于自然资源保护的管理模式。巴伯和巴特利特（Walter F. Baber and Robert V. Bartlett，2005）认为由于协商民主在环境决策中的理论与实践的桥梁功能，具有引导更好的环境公共决策产生的潜力。同时从生态理性角度阐释了如何实现环境协商民主的制度化问题。哈里斯（Michael Ray Harris，2010）探讨了在美国实现协商性环境决策机制的路径。帕金斯（John R. Parkins，2011）认为土地规划需要通过协商民主的形式吸取公众对土地使用价值的认知。克雷因史密特（Daniela Kleinschmit，2012）分析了如何在环境协商民主中发挥媒介公众作用的问题。詹尼弗·道奇（Jennifer Dodge，2009）认为现实中并不存在完美协商，因此要实现环境协商过程中的平等性离不开民间环保组织的作用。约翰·奥尼尔（John O'Neil，2002）明确指出了在一定条件下后代人与自然可以通过虚拟代表实现在场协商。沃尔特·F. 巴伯（Walter F. Baber，2007）讨论了专家与社会运动在环境协商民主过程中的作用，认为专家在环境协商民主中更多是一种知识解读潜力，而不能解决资源或者协商能力不平等问题。罗宾·艾克斯利（Robyn Eckersley，2002）认为虽然环境实用主义有着过于强调工具理性并缺乏批判性思维的缺陷，但在现实的协商民主环境决策过程中具有重要的指导意义。古普特和巴特利特（Manjusha Gupte and Robert V. Bartlett，2007）通过分析印度村庄的环境协商实践讨论了成功进行环境协商的前提条件。朱迪思·佩茨（Judith Petts，2010）认为协商可以移除城市废物管理过程中遇到的执行障碍。彼得·麦克伯尼（Peter Mcburney，2001）讨论了协商对于构建更为完善的环境危害物管制的认知系统的作用，认为协商式的认知系统能够形成更为全面的风险评估。罗尔夫·利德斯科格和英厄马尔·埃兰德（Rolf Lidskog and Ingemar Elander，2007）通过比较不同的环境协商实践发现恰当的代表是环境协商成功的关键因素。马修·A. 威尔逊（Matthew A. Wilson，2002）指出通过组织化的协商可以进行更好的生态服务价值评估。

三是社会实验效果研究。一些绿色政治学者认为协商民主应更关注实际结果，即协商程序是否能增进信任、改善人们的生活。于是近年来协商民主环境决策机制研究发生了一个向实证研究的转向，代表性事件就是欧洲委员会邀请各方代表召开关于欧洲气候政策大会，它表明协商民主已经在国与国之间、本地居民和非本地居民之间被推广和应用。安德烈亚斯·克林克（Andreas Klinke，2011）通过分析美国与加拿大五大湖地区利用协商民主实施跨区域治理的过程，指出协商民主可以有效地解决不同区域的环境治理冲突。安娜·扎赫里森（Anna Zachrisson，2010）探讨了在环境合作管理中引入协商民主的问题，并以瑞典为例说明了协商民主与合作管理的相互促进作用。珍妮特·费雪（Janet Fisher，2009）则讨论了协商民主在苏格兰风电开发愿景建构过程中的积极功能。最新的社会实验研究方向转向了全球气候谈判领域，并且已经成为一种应对民主缺陷、提升国际治理制度的合法性的重要理论指导。例如瑞迪和赫里曼（Chris Riedy and Jade Herriman, 2011）通过总结澳大利亚、丹麦等国家和地区进行的小范围（mini-publics）协商民主环境治理实验的经验与不足，探讨了协商民主对全球气候谈判的作用。西蒙·尼迈耶（Simon Niemeyer, 2012）则解读了全球气候谈判中协商民主模式中的协商的反馈与参与机制，并解读了协商民主在全球气候谈判中的实验效果。

当然除了好的社会实验效果外，也有一些学者通过分析环境协商的社会实验发现，协商民主理论下的环境决策并不一定能够带来好的环境治理效果。例如阿德里安·马丁（Adrian Martin, 2012）发现由于非洲农村地区无法解决权力不平等问题，因而协商环境治理带来的并不是好的环境决策。迈克尔·克林特曼（Mikael Klintman, 2009）发现协商民主的环境决策在促进人们形成绿色消费方面并不能发挥作用。伊凡·兹沃特（Ivan Zwart, 2003）通过分析澳大利亚在绿植焚烧炉方面的协商争论发现，由于环境共同利益的模糊性，协商性的环境治理效果并不明显。

（二）国内学术成果梳理

自协商民主理论在 21 世纪初进入中国后，学者们最初从政治学领域对其进行了解读与介绍，但对协商民主模式下的环境治理的介绍与解读起步较晚，因而目前研究成果较少。总体来看我国环境治理协商方向的研究主要体现在三个方面，分别是协商民主理论与我国环境政治发展的关系、协商民主如何促进我国完善环境法律与法规方面、如何通过协商民主理论完善我国的参与式环境治理等。在协商民主与我国环境政治建设方面，我国学者主要讨论了协商民主与我国生态文明建设之间的关系。陈家刚（2006）认为生态文明多样性、可持续性、整体性的价值诉求与协商民主治理模式之间具有某种天生的亲和性。张保伟（2018）主张生态文明建设与社会主义协商民主之间具有深刻的共生性、协同性和系统性。赵闯（2012）认为协商民主在理论讨论和制度设计上有利于保护多元性的价值观念并提升生态敏感性。王冰（2012）则指出协商民主能够更好地体现人们的字典式环境偏好。王欢（2014）还讨论了协商民主促进我国群体环境公正问题。黄晓云（2016）则认为协商民主在价值取向、运行机制、利益保障等方面与生态治理天然契合。李异平（2018）从社区层面分析了协商民主在环境治理过程中的沟通与协商功能。可以说目前我国学者在多方面探讨了生态文明协商民主对我国环境治理与决策的借鉴功能。

另外我国学者们也希望通过协商民主进一步完善我国的环境法律与法规的正当性。宋菊芳（2014）从广泛性、多层次性与制度化等角度分析了如何利用协商民主促进普通公众参与环境立法。周珂、腾延娟（2014）认为建立和完善相应的协商民主机制能够保证实现环境立法的公平与正义。王彬辉（2014）则以加拿大的协商民主实践为例探讨了我国民众参与环境法律实施的问题。

目前参与式环境治理从理论到实践都在我国得到了一定程度的发展，而协商民主则是对参与式民主的发展与完善。刘超（2014）认为协商民主的诸多实现形式可以作为完善环境公众参与制度的参考依据。李德超（2013）认为将协商民主引入环境保护之中能够形成更好的环境决策。刘娟、任亮（2017）讨论了协商民主视角下生态治理的制度框架与路径。杨煜、李亚兰（2017）通过分析日本和中国嘉兴的实例论证了协商民主可有效促进公众与决策者的双向互动以达成利益聚合。汪若宇、徐建华（2018）通过分析总结我国的协商式公众参与案例，为我国协商式公众参与模式的设计和评估提供了参考。王勇、王希博（2018）认为环境非政府组织是我国实施环境协商的重要力量。顾金土、蔡云晨（2016）认为协商民主是解决农村地区环境纠纷的重要途径。需要特别注意的是我国学者在协商民主应对群体性环境事件方面作了较多的研究。邓彩霞（2017）认为协商民主的共识建构理论可以帮助我们应对突发性公共环境事件。王海成（2015）认为协商民主可以推动政府在预防环境群体事件时从统治型方式走向治理型方式。马奔（2015）从理论与实践两层面探讨了如何利用协商民主理论来解决邻避问题。李海艳（2015）研究了环境群体事件中如何利用新媒体实现协商民主。

如上所述，西方学界在协商民主环境决策机制的理论与实践两方面都已经取得了一定的进展。总体上可以得出协商民主有利于形成更为良好的环境决策机制的结论，同时也存在着理论与实践方面的不足。在理论方面尚需要解决如何构建一套完整的理论体系的问题，例如协商成本应当由谁来承担，如何避免协商到最后成为争吵，如何提高协商的效率等问题；而在实践中则需要更大规模和数量的实证研究来解决具体的程序设计问题，例如如何通过协商过程将意愿传达给政策决定者，如何通过协商过程的设计解决话语平等性等问题。而对于我国的学界而言则还需要解决如何将环境协商中国化的问题，例如社会主义环境协商民主的优势的理性阐释，如何将协商民主环境决策机制与生态文明建设相结合等，这些都是未来一段时间要研究的重点。

第三节　章节安排

作为一种利用协商民主建构环境决策机制的尝试，本书要面对理论挑战，同时也需要在实践方面具有一定的参考价值。基于如上认知，本书的基本思路是在总结分析既有的环境协商理论与实践案例的基础上，首先给出协商民主环境决策机制的内涵，并论证协商民主理论在环境决策领域的合法性和科学性，从而说明协商民主理论与环境决策的契合性；其次从环境协商共同体的角度上讨论如何选择恰当的在场与非在场协商主体；再其次通过协商性环境价值评估探析环境协商的过程；最后讨论我国协商民主环境决策机制的特征与实施路径。全书具体章节内容如下：

第一章是绪论，主要分为研究的理论与现实意义、已有学术研究成果的梳理以及章节安排的介绍三个部分。本书认为协商民主环境决策机制是我国进行生态文明建设时在环境决策领域的重要实践；协商民主环境决策机制已经在理论与实践两方面具有一定的成果，但依然缺乏一套完整的理论体系与充足的案例经验。

第二章的主要内容是给出协商民主环境决策机制的内涵并论证其合法性与科学性。此章分为三节：在第一节中将对不同的政治话语和环境决策机制进行梳理，并给出协商民主环境决策机制的内涵以及特征。第二节中将探讨协商民主环境决策机制的合法性，指出公共协商可以更好地发现并形塑环境共同意志，因而具有更强的合法性。第三节中将对协商民主决策机制的合理性进行探讨，协商民主不受限制的对话、包容性和社会学习使得其具有更好的生态敏感性与公共理性，能够更好地回应当代社会对公共性环境利益的诉求。

第三章主要围绕协商民主环境决策机制的协商代表选择展开。此章分为五节。第一节讨论了如何构建环境协商共同体的问题，说明了环境协商共同体的特征与划定原则，并认为生态区域主义是一种较为合适的环境协商共同体。第二节主要讨论了如何利用利益相关者分析理论选择环境协商代表的问题。经过论证可以发现由于环境协商代表的环境利益属性，通过利益相关者分析可以找到相对较为合适的环境协商代表。第三节主要分析了政府、公民、专家、企业和环境非政府组织在协商过程中的角色与作用。第四节讨论了后代人的环境协商权利以及如何实现的问题。第五节分析了环境成为协商主体的正当性以及如何选择合适的虚拟代表的问题。

第四章讨论的内容是环境协商过程中的生态原则与标准以及如何从价值角度进行协商等问题。此章分为两节：第一节分析了弹性作为协商过程的生态原则的原因与实现方式，认为弹性（resilience）理论提供了一种全新的、更为广泛的、灵活的分析生态系统状态的理念、工具和方法，较为适合成为环境协商原则。第二节通过分析协商民主货币评估与市场摊位法等含有协商因素的环境价值评估工具，讨论如何建构科学合理的环境协商体系。

第五章是协商民主决策机制的中国化问题。此章分为四节：第一节讨论的是在我国社会主义体系下的独特优势，具体则包括了长期的民主协商传统、共同的生态文化、独有的生态集体主义等。第二节给出了我国协商民主决策机制的过程以及获得协商成功的要求与条件，我们认为协商过程的公开性、修辞性叙事方式和专业的协商促进团队等因素有利于促进协商成功。第三节分析了协商民主环境决策机制需要的结果标准，由于环境协商决策需要应对的是现实的环境问题，不能无限协商下去，因而合意性可以成为决策是否成功的标准。第四节主要讨论在我国，协商民主环境决策机制的实施原则与路径。具体的实施路径一是在生态文明建设下因地制宜，二是坚持以政府为主导，三是通过地方化与网络化的实施确定一个逐步发展的过程。

————————— 第二章 —————————

协商民主环境决策机制的政治意蕴

协商民主环境决策机制既属于环境政治范畴，也属于我国新时代具有中国特色社会主义的有机组成部分，更是我国生态文明建设在环境决策领域的具体实现，必然可以发展并完善我国现有的环境决策机制。

第一节　协商民主环境决策机制的内涵

一、协商民主环境决策机制的内涵阐释

协商民主（deliberative democracy）[①] 理论源于 20 世纪晚期西方社会针对自身代议制民主的反思。虽然代议制民主较为成功地解决了现代民主政治的规模与复杂性难题，然而同时将民主简化为个人偏好的简单聚合，这易使民主在信息泛滥的时代背景下退化成为利益集团的背书工具，自由民主也失去了其应有的正当性色彩。在此背景下，传统的协商政治开始复兴，协商民主成为新的民主政治发展趋势。最早明确提出协商民主概念的是美国克莱蒙特大学教授约瑟夫·毕赛特（Joseph M. Bessette），其认为美国基于自由平等和理性认知而建构起来的立宪制衡体制就是协商民主[②]。此后协商民主得到了学者们的广泛回应，尤其在约翰·罗尔斯

———————————

[①]　对于"deliberative democracy"这一外来概念国内有着多种中文翻译，例如审议民主、商议民主、慎议民主、商谈民主、协商民主等。这里我们采用目前国内最为流行的协商民主这一译法。

[②]　陈家刚：《协商民主：概念、要素与价值》，载《天津市委党校学报》2005 年第 3 期。

（John Bordley Rawls）、尤尔根·哈贝马斯（Jürgen Habermas）和安东尼·吉登斯（Anthony Giddens）等知名学者的认可与推动下，协商民主理论成为西方政治理论的重要发展方向。目前协商民主理论存在着组织形态、决策机制与治理形式三种发展方向。组织形态方向的代表人物是乔舒亚·科恩（Joshua Cohen），这一流派认为一个共同体存在和发展的正当性来源于平等成员之间的公开争论和推理，因而协商民主是一种事务受其成员的公共协商支配的社团；决策机制方向的代表人物是美国哥伦比亚大学的约恩·埃尔斯特（Jon Elster），这一流派主张协商民主作为一种决策机制，每个受到决策影响的人只有在信息充分与实质性政治平等的基础上通过理性、公开的讨论制定决策，才能实现决策的正当性与科学性；最后是治理形式方向，代表人物是阿米·古特曼（Amy Gutmann）和丹尼斯·汤普森（Dennis Thompson），这一流派认为协商民主的核心在于回应现代社会不可通约的多元化的道德与价值，具有浓厚的自治色彩。

虽然三种不同的发展方向存在着不同的关注点，但也同时具有多元性、平等性、协商性、公开性等共同的特征。（1）多元性是协商民主的产生根源和发展动力。协商民主的多元化包括协商主体的多元化和协商方式的多元化。协商民主承认差异，相信公共协商可以促进不同文化、利益群体间的相互理解和尊重，从而在缺乏统一价值观的世界中建构共处之道。（2）协商民主的平等性是实质上的政治平等，包含了程序与实质两个维度。在协商民主中不同协商者参与协商的门槛是一致的，并在协商的各阶段都会受到平等对待，不同协商者在协商过程中的能力与资源也是平等的，唯一的不同就是更佳的论证力量。（3）协商性指的是协商主体依照理性与公正原则，进行自由和公开讨论的特征。协商民主中的协商不是简单的线性过程，而是一种动态的具有交互状态的交往，是高级阶段的参与。（4）公开性是协商民主的内在要求，体现在信息公开与协商过程公开两方面。协商民主中的信息代表了权力和能力，没有信息公开就会产生协商不平等现象，协商过程的公开性则规避了暗箱操作，是协商民主正当性的客观要求。如上所述，虽然三种不同方向的协商民主发展路径不同，但都认同社会多元化；强调协商过程的公开性和自由性，提倡公共理性，反对情绪化行为；追求公共利益或者持续性的合作过程与意愿。目前协商民主理论已经发展到实践验证与理论完善阶段，并在理论与实践层面均进入到环境决策领域，虽然尚未出现系统性论著，但许多环境治理领域的学者在其理论建构和实践验证中都运用了协商民主的因素，纷纷主张通过协商民主增加环境决策的正当性与科学性，以取得更好的环境决策。

在充分梳理并理解前辈学者的研究成果基础上，我们给出了协商民主环境决策机制的内涵作为本研究的基础，具体为：在一定的生态区域内，人类以及非人类实体的代表在公开、平等、包容的程序基础上，运用多元化的公共协商方式，形成共同的环境问题（风险）认知与应对框架的决策机制。作为协商民主理论在环境治理领域的具体体现，协商民主环境决策机制必然具有多元性、平等性、协商性、公开性等协商民主的一般性特征，同时也因为其所实施的范畴为生态环境领域而具有一定的独有特征，具体如下所列。

1. 以生态空间为区划标准。

由于协商民主环境决策机制解决的是生态环境问题，而跨边界性是环境行为后果的固有特征，环境行为影响从不会因为政治区划和国家边界而中断，更不会只停留在行政区域内部而不影响其他区域。当然具体的环境协商边界划分也是具体的、历史的，需要依据环境问题的性质与决策需求因地制宜，因时而划。

2. 协商主体的多元性与虚拟性。

由于协商民主环境决策机制研究的是多元的、复杂的、非线性的生态环境，因而环境协商主体除了当代人之外，还应包括子孙后代与非人类实体的自然环境，可以说环境领域协商主体的虚拟性与非在场性是其区别于其他协商民主主体的重要标志。

3. 协商修辞的多元化。

由于生态环境价值的特殊性，协商民主环境决策机制不仅需要一个公平与平等的协商程序，更需要多元性的协商方式。与其他领域的协商民主相比，环境领域的协商民主除了理性辩论外也应包括巧辩。因为理性辩论往往对应着生态环境的工具价值，而巧辩则往往对应着生态环境的内在价值。

4. 协商结果的宽容性。

由于环境问题的复杂性与长期性，人们对于环境问题的产生根源与影响的认知需要较长时间，对于真实公共环境利益的认知也必然是渐进性的。因而协商民主环境决策机制追求的结果必然具有宽容性，既可以是像备忘录一样的软决策，也可以是像法律法规一样的硬决策。

二、协商民主环境决策机制的政治范畴

协商民主环境决策机制作为协商民主理论在环境治理领域的具体体现，必然要回答其在环境政治领域的基本认知与原则主张，是生存主义、普罗米修斯主义还是极限主义，是人类中心主义还是生物中心主义；生态危机的解决是否需要改变基本的政治经济机构，还是只需改良自身的发展模式即可等问题，目前常见的环境政治话语有如下几种。

（一）生存主义话语

20 世纪 60 年代随着现代工业化的深入发展，无限的经济发展需求与有限的生态资源间的矛盾日益凸显，环境污染与资源稀缺的现象愈发严重，于是出现了生存主义（环境悲观主义）观点。生存主义认为急剧增长的世界人口必然带来严重的环境污染和不可逆转的资源与能源短缺，而避免人类走向灭绝的途径一是放弃现代文明，退回到"小国寡民，使有什伯之器而不用，使民重死而不远徙……鸡犬之声相闻，民至老死不相往来"① 的原始社会状态；二是实施通过计划性生育，实现人口控制避免全人类灭亡的新马尔萨斯主义。其实无论是回归到原始社会，还是实行人口控制，都是环境悲观主义者乌托邦式的臆想，并不具有现实的指导意义，因而在环境政治话语中影响甚微，也必然不是协商民主环境决策机制的选择。

（二）普罗米修斯主义话语

作为对生存主义话语的回应，20 世纪 70 年代出现了普罗米修斯主义。这一主义认为生态环境是丰饶的，有着无限的自然资源供给和吸纳污

---

① 老子：《道德经》八十章。

染物的能力，而大自然也具有无限的自我矫正能力。在普罗米修斯主义者看来，人造资本与自然资本是具有一定替代性的，人定胜天，经济增长不可能受到自然资源绝乏的阻碍。生存主义既低估了人类社会协调自身社会经济活动的能力，也忽视了科技发展对人类未来经济活动可能造成的影响。基于如上认知，普罗米修斯主义认为生态环境问题只是当今社会经济发展进程中的一个插曲，所谓的生态危机会随着人类经济活动的日趋合理和科学技术的不断进步而得以彻底解决，因而不需要推翻、改变现有的政治经济结构。

（三）极限主义话语

无论是生存主义还是普罗米修斯主义都带有极端激进色彩，在指导人类应对生态危机方面缺乏理论与现实意义，于是强调生态极限的极限主义话语成为主流环境政治话语。这一理论认为现代经济的无限制增长与有限的自然承载力存在着内在的冲突与矛盾，而要缓解或解决这一矛盾则需要改变现行社会的社会结构、制度和集体意识。具体的改变分为变革和改良两种方式。变革方式意味着要改变现有的政治经济和社会组织结构。例如生态社会主义认为生态危机是资本主义的本质特征，资本主义制度本身就会破坏人类经济活动所依赖的生态基础。在资本主义制度下，我们的大地母亲只能蜕变成被索取资源的水龙头和倾倒废料的下水道，而解决这一矛盾的方式就在于改革资本主义制度，实现社会主义制度。社会生态学则认为生态危机的根源在于人类社会与人与自然之间的等级关系，要从根本上解决生态危机则必须改变等级制度与支配关系。[1] 与变革方式不同，改良路径认为生态环境的改善并不需要改变现有的政治经济结构。虽然地球不可能再承受一个重复西方发展过程并达到西方富裕水平的第三世界，但可以通过新的发展策略实现在生态极限下的永续发展。极限主义环境政治话语中的代表就是可持续发展。在布伦特兰报告中的可持续发展被定义为人类有能力使发展持续下去，既能保证使之满足当前的需要，又不危及未来后代满足其需要的能力。这一定义中的可持续性指的是人类福祉的可持续

---

① 郇庆治：《21世纪以来的西方生态资本主义理论》，载《马克思主义与现实》2013年第2期。

性，而不是自然的可持续性。可持续发展在承认生态极限的同时也相信通过对资源开发、投资方向、技术开发、制度变革相互协调的改良，可以增加目前和未来满足人类需要和愿望的能力①，从而在客观上形成生态极限的延伸，人类也可以改良自己的经济行为以避免生态灾难。虽然可持续发展话语为人类在生态约束下的发展提供了全新思路，在环境政治的演化过程中占据着重要地位；然而可持续发展一直未能发展成为一个科学的、精确的概念。比如，什么应当持续发展，持续的时间多长，用什么方式来持续以及实现可持续的标准是什么等问题中存在着较大的歧义。于是在可持续发展之后，生态现代化成为下一个主流绿色政治话语。生态现代化属于改良范畴的极限主义话语，相信经济发展与生态环境的矛盾不在于经济增长本身，而在于经济增长的方式或手段。在生态现代化话语中，经济发展与环境保护之间存在着良性互动关系。企业并不是环境保护中永远的恶人，相反可以成为环境保护的积极行动者。对于具有远见的企业而言，更少的污染意味着更有效的生产与更低的生产成本，好的企业一定支持资源节约与环境友好的生产方式。

协商民主环境决策机制作为一种环境决策机制，最终目标在于弥补现有环境决策机制在科学性与合法性方面的不足。因而其承认生态危机的客观存在性，主张人类应当在生态服务的承载力范围内进行社会经济活动，属于极限主义环境政治话语。但协商民主环境决策机制也必然属于改良范畴，相信通过一个社会内部的生产生活方式变革可以缓解甚至解决生态危机。总体而言，协商民主环境决策机制应当属于绿色发展的环境政治范畴。

三、环境决策机制的演化

生态危机出现后，随着人类生态理论认识的加深与治理经验的积累，先后出现了多种环境决策机制。最初的环境决策机制方式是基于行政理性和等级组织方式的政府管控，随后是基于理性和自组织方式的市场治理，

---

① World Commission on Environment and Development, *Our Common Future*. Oxford：Oxford University Press，1987，P. 46.

目前的发展趋势则为协商理性和网络组织形式的参与式治理，协商民主环境决策机制则是对参与式环境治理的进一步发展与完善。

（一）行政理性下的政府管制

所谓行政理性指的是一般理性在行政领域的具体化，是行政主体的行为模式与行为能力，理想化的行政理性状态是"应然"与"实然"的结合，体现的是工具理性与价值理性的统一和合规律性与目的性的统一。工具理性是公共行政价值理性的实现途径；价值理性则为公共行政的工具理性的努力方向和价值导向。工具理性追求效率，目的在于选择最佳手段和途径达成具体的行政目标；而价值理性则是以公共利益为目标诉求，以公共性作为价值诉求，追求具体行政结果的公平、民主与正义。政府环境管制的基础在于政府及其聘请的专家掌握最多的环境知识与信息，因而在解决环境问题时最为正确和有效率，政府通过层级组织将复杂的环境问题分解成相对简单的部分，然后通过分别授权给管理机构、个人和社会组织来解决环境问题，普通民众并不需要介入具体的决策制定过程，只要将治理权委托给政府即可以实现自我生态意愿。这种层级制的组织形式，通常意味着政府对于社会成员的绝对权威性，上层权力机构将管理权力分散下放到下级机构之中，通过行政命令和规则组织运作。

在具体的政府管制过程中，政府主要通过设立专业性的资源管理机构和污染控制机构进行环境治理。资源管理的目标在于寻求森林、水域等可再生资源池中实现最大化的稳定性产量，污染控制则在于解决如何确定并分配污染池的总量与高效分配问题。无论是资源管理还是污染控制都重视成本—收益分析（CBA）。成本—收益分析肇始于 20 世纪 50 年代美国大坝的选址和建设过程中，并逐步发展成为国际上通行的环境决策正当性衡量标准。所谓成本—收益分析就是通过各种量化工具度量一项环境决策引致的货币化成本与收益的权衡比较。当成本高于收益的时候，环境决策就不应被实施，反之则政策可以实施。要确立成本—收益分析的有效性需要一定的假设条件：一是人类被认为是分散的、自治的、寻找自身偏好的个体；二是人的偏好是由外部决定并不具有道德性；三是社会选择制度的目标在于发现人们的偏好并且简单聚集形成社会意愿；四是最优的公共决策是最大化满足所有个人偏好集合的决策。可以说 CBA 分析在一定程度上弥补了政府环境管制的低效率问题，但也被人们批评存在缺乏价值理性，无法反映环境的非工具性价值等问题。为此，人们将意愿价值评估引入环境管制之中，意愿价值评估支持者相信通过问卷调查，公众不再仅仅简单地表达自利性的偏好，也会表达个人对他人的关怀、对后代的道德关怀，关注分配正义以及自然的存在价值等，并且能够将这些道德关怀转化成私人偏好①。如此一来，政府的环境规制工具可以引入非货币化的环境价值，从而在政策收益与执行成本之间进行更为精确的衡量权衡。意愿价值评估在一定程度上维护了政府管制的价值理性，避免了环境治理简化成技术化和程序化过程的问题。虽有进步但并不能完全回应理论与实践中环境物品的公共性与道德性需求。一是在现实中人们很可能无法对非市场物品形成清晰的价值认知并正确给出其偏好次序，学者施卡德和佩恩（Schkade and Payne）就曾经明确指出意愿价值评估在人们对于非市场物品有着明确的价值观的假设下明显错误②；二是由于个体的偏好并不是一种可观察的对象，因而关于偏好调查数据难免出现歧义性③；三是人们并不希望将自己对环境价值的认知与偏好转化为货币支付意愿，生态服务中的私人利益与公共利益不可通约，强迫人们利用私人利益的方法来选择环境物品无疑是不恰当的；四是人们的环境偏好不仅是环境保护与经济发展的平衡，而是一种"字典式偏好"。

政府环境管制在环境决策的发展过程中占有重要地位，并依然是一种重要的环境决策机制。当然多年的环境治理实践告诉我们政府失灵现象普遍存在。环境问题的复杂性与非线性特点使得其往往发生许多预料之外的事情，首先政府和专家决策者很难在公平正义的基础上按照"效率最大

---

① Michael Jacobs. , *Environmental Valuation*, *Deliberative Democracy Beyond Public Decision – Making Inistitutions*, *in Valuing Nature*? London：Routledge，1997，P. 189.

② Schkade, D. A. , Payne, J. W. , Where do the Numbers Come From? How People Respond to Contingent Valuation Question, In Hausman, J. A. （Ed.）, Contingent Valuation：A Critical Assessment. Amsterdam：North Holland Press 1993，pp. 271 – 304.

③ M. Sagoff, Aggregation and Deliberation in Valuing Environmental Public Goods：A look beyond contingent pricing. *Ecological Economics*, Vol. 24，1998，pp. 213 –230.

化"和"选择最优化"原则选择最佳方案。其次政府官员有着天生的寻租冲动，在财政最大化的压力下容易忽略环境利益。

（二）经济理性下的市场引导

随着政府环境政策失灵现象的不断出现，并在西方市场自由主义的影响下，主流环境决策机制开始从大棒转向胡萝卜。市场决策机制相信由于人性本私不可改变，因而政府环境管制不仅执行成本高，也会引致各种规避行为，而经济激励能够改变人的环境偏好，将环境保护的客观要求与人的主观意愿有机联系起来。市场决策机制支持者相信环境治理从本质上而言是经济和生态环境的协调发展，只要运用恰当市场机制就能够比命令与控制范式以更低的成本实现环境治理目标。

市场机制是一种自组织机制。作为一种自组织机制，即使没有外部指令，系统内部各子系统之间也能够自行按照某种规则形成一定的结构和功能，而指挥人们行为的信号就是价格。因而经济理性下的环境决策机制就是要尽量实现生态产品和服务价格与价值的一致性。首先经济理性认为环境问题产生根源在于因私人成本与社会成本差异造成的外部性效应。私人成本是指个人或企业从事某种经济活动所需支付的费用；社会成本是指全社会为了这项活动所要支付的费用。可以说人类经济行动私人环境成本与社会环境成本的差异，导致环境物品无法最优配置。而为了解决私人成本与社会成本的不一致问题，经济学家们给出的解决途径有两个：一是增加税收，二是明确产权，前者由庇古提出，后者由科斯提出。庇古主义相信税收是弥补私人成本与社会成本的有效方式，即私人成本＋税收（减去补贴）＝社会成本；科斯主义则认为环境产权主体的缺失造成环境商品和服务无法正常交易，而解决的方式在于许可证交易和配额制度。在环境治理实践中，通过税收、补助、罚款等方式改变环境行为的成本与收益，在一定程度上可以促使人们自觉采取具有环境友好性的行为，而且个体在追求自身环境利益的同时能够促进社会整体环境利益的提高，人的个体性与社会性借助于市场实现对立统一。因而在市场决策机制下，生态产品与服务即便不能私有化，那么也要市场化。然而无论是税收还是产权，其有效性的基础都是环境物品价格的真实性，然而环境物品在市场中的价格与价值并不一致。比如水的价值永远大于钻石，但因为市场机制中的价格反映的是物品供给和需求的均衡点，而不是物品的本身价值，市场中钻石的价格远远高于水的价格。这埋下了市场失灵的隐患。

同政府环境管制一样，市场决策机制也存在着如何将生态系统服务全面赋值的问题，有些十分重要的环境物品与生态服务天生就无法实现直接的市场化。为解决这一问题，人们设计了一些新的价值计量工具，希望可以更好地发现并实现生态产品与服务的全经济价值，例如效用指标法、重置成本法、旅行成本法等。（1）效用指标法：效用指标反映的是消费者对生态商品服务的满意程度所影响的商品和服务的整体价值。例如给美丽风景估价的时候，我们需要找到两栋面积品质基本相同的房屋，只是其中一栋房屋打开窗口是美丽的风景，而另一栋房屋只能看到高耸的烟囱，两栋房屋的市场差价在一定程度上可以反映风景的市场价格。（2）重置成本法：重置成本是指生态资产按照相同或相似资产付出的现金或现金等价物的金额计量，其优势在于能够对不受市场机制调节的生态服务进行估价。例如评估某一水系的水净化功能时可以通过假设建造水净化设施的支出来评估其价值。如美国纽约卡茨基尔集水区就通过比较建设净水厂与实施河流保护的不同成本估算出了河流的生态服务价值。（3）旅行成本法：由于人们去游览某项自然景观时必然需要支付一定费用，因而我们可以通过测算旅行价格来对自然环境价值进行评估。例如我们愿意支付500元去参观一座森林公园，这意味着森林公园可以获得500元的货币收入，将所有旅游者的支付价格加总大概可以算出森林公园的存在价值。

与政府环境管制相同，采用经济理性的市场机制在环境保护方面也有诸多不完善之处。首先，经济领域中的经济人假设在应用到环境领域时过于偏颇。社会中的每个人都具有消费者与公民两种身份，而且不同的身份具有不同的环境偏好。在消费者立场上人们会喜欢通过高速公路建设减少通勤时间，而在公民立场上则会抗议可能破坏生物群落和区域的高速公路建设。其次，生态物品与服务并不是单纯的私人物品，很多时候属于公共物品范畴。由于私人物品的成本与后果的单一性，消费者自身就可以判断其选择是否科学合理；但由于公共物品的选择后果与成本不一致，后果不仅涉及选择者自身，也会影响到社会与其他人身上，从而适用于公共选择机制。公共选择不是消费者选择，具有道德关怀与社会公共价值等内容，是一种跨越好与坏的局限、更加注重对与错的选择机制。最后，市场机制将环境难题分解成较小的子集，每一个子集都分别给出解决方案，这属于机械论思维，在此思维下大自然仅仅是为满足人类的欲望和需求提供资源，最大化利用原则是所有行为的准则。但是生态系统是复杂的、有机的，生态系统各部分之间存在着众多变量间的不确定的相互作用。以渔业可交易配额为例，其将对人类有益的鱼类孤单地对待，单独确定最大可收获量，但是在现实的海洋生态系统中，物种的生存或者繁盛条件不仅仅是自身的补货量，同时还取决于同一生态位中的捕食者、被捕食者或者竞争者，长期地看，单独确定一种鱼类的状态很有可能造成海洋生态系统的崩溃。

（三）交流理性下的参与治理

随着人们对环境正义以及生态系统认知的加深，迫切需要一种更具有环境正义性的环境决策机制。在此背景下参与式环境决策机制应运而生。所谓参与式环境决策机制是公民及其代表根据国家法律赋予的环境权利和义务，通过环境信访、环境监督等途径参与环境治理，在一定程度上补充政府和其他组织环境治理中存在不足的环境决策行为。参与式环境决策机制相信公众参与是实现生态民主和善治的必要环节，可以强化环境执行部门的执行效果，解决污染信息不对称问题，唤起民众的环保意识。实践中参与式环境决策取得了一定的治理效果，但也存在着象征性参与问题较为突出的问题。而为了解决参与式环境治理的真实性问题，我们就需要采用高级阶段的参与——公共协商来实现。从参与的真实性与程度角度出发，学者阿恩斯坦（Arnsteins）提出了参与阶梯（ladder of participation）理论，建构了从无参与到完全公民控制的由低到高的八种参与模式①，具体如图2-1所示。

---

① Sherry R Arnstein, A Ladder of Citizen Participation. *JAIP*, Vol. 35, 1969, pp. 31-35.

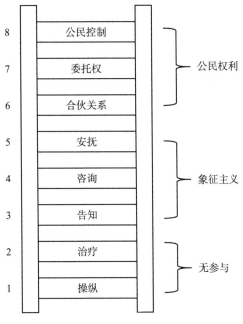

图 2 - 1 参与阶梯

依照参与阶梯理论，公民参与可分为无参与（nonparticipation）、象征主义（tokenism）和公民权利（citizen power）三个阶梯，不同的参与阶梯代表了不同的权利和参与真实度。第一个层次为无参与，包含了操纵（manipulation）、治疗（therapy）两部分。在这个层次中没有真正地参与，只有希望通过参与教育或治愈（cure）而进行参与的参与者。第二个层次是象征性参与，包含了告知、咨询和安抚三个部分。在告知与咨询两层次中民众的参与权与参与程度由掌权者赋予，只有在掌权者有意愿的时候才能实现参与。这种情况下，参与者没有"肌肉"让自己的观点得到关注，也没有能力确保其利益一定在决策中有所体现。安抚（placation）是最高层次的象征性参与，这一层次鼓励参与者提出建议，但建议是否被采纳的决定权依然保留在掌权者手中。第三层次是公民权利，包括合伙关系（partnership）、授权（delegated power）和公民控制（citizen control）三个方面。合伙关系中参与者与传统的掌权者具有同等的权利，共同进行权衡选择；而在授权和公民控制层次则是参与者具有主导性权利，享有主要的决策权利。我们认为，如要使协商民主环境决策机制真正具有意义，那么民众的参与层次应当为伙伴与授权关系。在此之下的层次容易让参与流于形式，而完全的公民控制容易让环境治理走向生态无政府主义或者是生态乌托邦，在客观世界中难以实现，并不是协商民主环境决策机制所需要的结果。参与式环境决策的理性来自哈贝马斯提出的交流理性。在哈贝马斯看来，工具理性的滥觞将人和自然的关系变成了一种纯粹工具性关系，适宜优美的环境和丰富多样的生物不再是有机的生命体，而只是一些需要满足人类使用的工具和原料而已。一方面，工具理性中的科技理性霸权也让掌权者相信通过技术手段就可以解决所有的环境问题，环境决策的合法性变成了科学技术的有效性，而不再是公共意志。另一方面，工具理性也使得人与人之间的关系成了一种人们获取利益的工具，从而使得社会选择机制成为一种依靠丛林法则、弱肉强食式非正义选择机制，这不是一种好的社会选择机制，哈贝马斯相信，在现代多元化的社会中，只有社会各方在不受干扰的情况下，通过理性的公开讨论形成真正的对话才能创造出一种更自由、更公正的社会选择机制。沟通理性相信通过利益各方理性的信息分享和交流、公开透明的讨论程序，生态系统功能的各种价值都可以被发现和实现，相应的环境决策也更加具有环境友好性。与此同时沟通理性也可以消除环境决策的非乌托邦因素，是理性的个人和组织在既定的条件约束下围绕环境问题进行协商后达成的最优选择。

与市场的自组织和管制的层级组织形式不同，协商式环境决策的组织形式是一种介于层级组织与自组织之间由活性结点网络联结构成的网络组织形式，具有自相似、自组织、自学习与动态演进特征。协商环境决策机制中的网络组织并不是固定的，而是为了应对特定的环境问题由具有不同环境利益与价值的人和组织构成的网状组织。网络组织中的节点会随着网络组织的运作而增加或减少，组织边界也具有渗透性和模糊性。通过网络化组织形成的决策体系，各种环境权利主体之间可以建立一种相互合作的关系，各主体间通过协商最终形成了一种网络治理体系，实践证明通过网络化的决策机制可以充分调动各方为维护共同的环境利益而合作，从而实现环境善治。当然环境决策的协商转向并不意味着协商民主环境决策机制尽善尽美，可以有效应对环境治理中的所有难题，实际上其自身也有尚待完善之处。比如虽然协商民主环境决策方式具有更为广泛的包容性，但也带来了需要较长决策时间风险，协商各方需要进行反复协商以达成理性共识，这在客观上会导致整个政治运作较为迟缓，严重的甚至可能会出现协商决策中参与者的相互否决和对理性共识的冲突紧张导致各方僵持不决，无法给出决策的问题。同时也可能由于协商主体社会经济地位的不同，掌握的经济政治资源的不同进而会在协商中具有不同的讨价还价的能力，具有金钱与知识资本的强势方很容易利用自己的资源优势将公共协商蜕化成一种新的参与式暴政[①]。

如上所述，人类的环境决策机制存在着一个逐步发展演化的过程，从最初强调行政理性的政府管制，发展到强调经济理性的市场治理，再到建立在沟通理性上的协商治理。每一种环境决策机制都有着自己的独有特征，具体情况见表2-1。

表 2-1　　　　　　　　　　环境决策机制对比

方式	交给政府的方式	交给市场的方式	交给民众的方式
权利主体	政府与专家	市场	生态公民
理性	行政理性	经济理性	沟通理性
代理关系	授权给政府与专家	价格机制	公共协商
组织形式	由上至下的命令—控制	市场机制下的自组织	网络化组织形式
具体措施	排放标准、许可证、清洁生产机制等	碳税、标签计划、自愿环境协议等	公民陪审团、公民大会等

资料来源：根据相关资料整理所得。

一方面，无论是政府管制、市场机制抑或协商民主都有自身的优势，例如在环境污染问题涉及范围较小、因果关系比较明确、利益损失涉及主体少，并且交易成本较小的时候，应该主要利用市场手段来解决环境问

[①] John O'Neil, *Markets，Deliberation and Environment*. London and New York：Routlege, pp. 124 - 136.

题；相反如果环境问题涉及范围较大、因果关系较为模糊、影响主体难以界定，且市场交易成本较高时，则应该充分发挥政府的力量，通过行政理性来解决环境问题。另一方面，在不同历史时期，不同的国家和地区可能由于自身条件的不同，即使面临同一种环境问题也可采取不同的方式。例如在大气污染治理方面较为成功的英美两国就分别采取了行政理性主义与经济理性主义两种范式。英国政府在空气污染治理方面采取了以行政手段为主的管制路径，其在 1956 年颁布了《清洁空气法案》，规定将城市燃料改为无烟燃煤，集中供暖，重污染产业强制迁移等政策。与英国不同，美国则采取了市场手段来解决大气污染问题，美国从 20 世纪 70 年代开始推行排污权交易，出台《清洁空气法》严格控制 SO_2 和 NO_2 等污染物的排放，并在环境治理实践中逐步建立起来一个以法规为基础的完善的环境商品交易体系，成为美国环境治理体系的重要一环。此外现实的环境决策实践中几种手段并非泾渭分明，不同的决策机制往往包含着其他的理性基因。比如在环境物品的可交易配额方面首需由政府决定资源池或污水池的大小（政府管制），然后通过拍卖将资源开发权和污染排放权出让给最高出价者，配额获得者通过市场机制自由选择利用方式，或者想方设法降低配额使用量，或者选择继续缴费使用（市场机制）。

目前无论是行政理性的政府管制还是经济理性的市场机制都是我国的环境决策体系中的重要一环，但我国社会经济的发展对环境治理提出了新的要求，为此党的十九大明确提出了"构建政府为主导、企业为主体、社会组织和公众共同参与的环境治理体系"的要求，明确指出需要将"我的环境我做主"的公众参与作为我国生态文明建设的重要途径，而作为高级层次参与范式的协商式环境决策机制无疑是社会主义优越性在环境治理领域的重要体现。发展符合新时代中国特色社会主义理论的协商民主环境决策机制不仅是实现"绿水青山就是金山银山"的具体途径，也是我国生态文明建设的应有之义。

第二节　协商民主环境决策机制的合法性

　　环境决策的合法性源于人们在特定历史情境之中的真实意志。在人类社会发展初期，政治秩序和社会规则都由上苍或圣哲制定；启蒙运动之后，人类意识到自己才应是社会规则的制定者，于是政治决策的合法性开始基于个体意志的自由选择，代议制民主应时而生，又在体现个人意志并解决规模问题的前提下，将大多数人的个人利益作为决策合法性依据①。代议制民主否决了"君权神授"，从而具有更好的合法性，然而随着现代社会复杂性不断加深以及大规模不平等的存在，代议制民主决策在环境治理实践中出现了合法性危机，具体表现为：（1）选民参与制定环境政策的主体资格被忽视，民众只能选择环境决策制定者，而非环境决策本身；（2）代议制民主主张个人环境利益或偏好的简单相加，这种简单多数的偏好聚合模式不仅压制了少数人的环境利益，更会与真正的公共利益相冲突；（3）代议制民主的代表容易将民众排斥在决策之外导致精英统治；（4）由于信息不对称和缺乏监督，环境决策过程黑箱化，降低公众认可与对其的接受程度。在此背景下，古老的协商政治开始在环境决策领域复兴，人们逐渐意识到决策的协商转向能够帮助我们在今天这利益多元化和文化多样化的社会中寻求生态"共善"，协调社会中普遍存在的环境利益矛盾与冲突，增强环境决策的合法性。正如詹姆斯·伯曼（2006）所指出的："协商民主所具有的提升公共决策理性质量的前景，而又不以损害平等为代价，使得它比其竞争者更具吸引力。"② 塞拉·本哈比（2007）也指出，"在复杂的民主社会中合法性只能来源于全体公民针对共同关心的事务所进行的自由无约束的公共审议"。③

---

① 谈火生：《民主审议与政治合法性》，法律出版社 2007 年版。
② 詹姆斯·伯曼：《公共协商：多元主义、复杂性与民主》，中央编译出版社 2006 年版。
③ 塞拉·本哈比：《走向审议的民主合法性模式》，引自《审议民主》，江苏人民出版社2007 年版。

一、共同的环境意志

在协商民众环境决策机制的合法性中，"共同意志"概念扮演了重要的角色。理想化的观点相信政治共同体中的每个个体都是平等且自由的，个体之间没有本质上的差别或自然等级能够证明一些人"治人"，另一些人"治于人"，因而政治合法性应建立在全体同意的基础上。对于环境决策而言，既然决策涉及了生命共同体中所有成员的利益和价值判断，并对所有成员形成强制性约束，那么只有当这些规则来源于共同体中所有人的意志时，它们才是合法的。所有人的意志可分为众意和共同意志两种类型。众意是未经思考的，是着眼于私人利益的个体意志的简单加总，是一种在"公众舆论中真理和无穷错误直接混杂在一起"的意志①。共同意志（公意）则是着眼于公共利益的意志。正如卢梭指出的，共同意志所表达的是公民们在将自己看作共同体的成员时理性的意愿的东西。它既不是表达了一切公民想要的东西，也不是表达了大多数公民想要的东西，它所对应的是"共同的善"或"公共利益"，也就是只要存在就会自动地使每一位共同体的成员受益的东西②。协商民主环境决策机制的目标在于追求良好的生态环境，当然属于公共利益范畴，其合法性自然也来自生命共同体的共同意志。也就是说一项环境决策或法律的目标是追求良好的生态环境，属于一个生命共同体的整体利益范畴，那么其合法性不是源于其对个人意志的影响，而在于其是否符合生命共同体的共同意志。因而，协商民主环境决策机制需要的是经过反思的公民环境意志。卢梭认为，虽然作为个体每个人都是独特的，每一个人都有他独特的认同和特殊利益；但是作为一个公民，他们都是共同体的成员，分享着共同的利益。由于存在认知局限，真正的个人意志必须经过反思才具有合理性。一方面，在复杂的生态服务需求下，每个个体都对环境议题有着自己的看法与诉求，并且这些看法与诉求的重要性并不是固定的，环境议题的复杂性使得个人无法洞悉自己的真实意志，更不能对不同的环境决策后果与比较优势了然于胸，因

---

① 黑格尔：《法哲学原理》，商务印书馆 1979 年版。
② 徐向东：《自由主义、社会契约与政治辩护》，北京大学出版社 2005 年版。

而也就无法说出自己的真实环境意志。另一方面，未经反思的个体环境意志在政治实践中极易受到操纵，而由被操纵的偏好聚合起来的意志根本不是人民的环境意志，既无法应对现代社会的复杂性与多元化，也不能反映生命共同体的真实意愿。反之通过无限制、平等的协商，人们可以从公共利益角度对不同的偏好进行反思，如果达成共识最好，如果无法达成共识就进行投票，经过反思的投票也会因为之前的反思过程从而具有公共理性，形成真正的共同意志。

既然环境决策的合法性来源于由公民环境意志形成的共同意志，那么公民意志如何转化为共同意志则是实现环境决策合法性的关键环节。对于如何转化，聚合观点认为个体意志是给定的，共同意志的产生只需要经过恰当的聚合过程即可形成。聚合模式承认社会中的每个人都有不同的具体目标，只有当一项决策对社会整体的影响能提高其所涉及的个体幸福总量时，它才是公正与合法的。这就表明只要牺牲能提高社会幸福的总量，牺牲某些人的目标与自由就是合法的，这当然不符合追求共同的善的协商民主环境决策机制。协商模式则认为个体意志并不是给定的，而是可以形塑的，也因此决策的合法性在于聚合过程开始之前个体意志的形塑过程。卢梭曾经明确指出，能够体现共同体意志的共同意志并不是自然而然的，其形成需要具有一定的基础与条件，需要公民在占有充分信息的基础上经过相互之间的有效沟通方能实现。[①] 首先公共物品观点的形成过程与私人偏好观点形成过程不同，其在本质上是一种公共行为。在涉及公共物品的时候，正确的偏好建构应当发生在讨论先于决策的公共领域。只有通过高质量的协商审议，个体才有可能对自身的环境观点和意见进行批判和反思，才能真正了解自己的环境偏好及其所带来的后果，并据此对自己的环境偏好与诉求进行排序。其次未经协商的集体意志反映的是共同体中的部分人的意愿，而不是共同体的共同利益。共同意志并不是多数公民想要的东西，其所对应的是公共利益，并且也不是一个先验的、可以一劳永逸达成的目标，它是需要公民持续参与、不断更新建设的东西。最后为了形塑共

---

① 卢梭：《社会契约论》，商务印书馆 2003 年版。

同意志，必须保证共同意志不受个别的短期的环境意志的诱惑，并能以长期的隐患来平衡短期切身利益的引诱。实现这一过程的途径就是公共协商。例如杜威在反思了当代自由民主的不足后指出，如果我们对民主制度并不满意，那么补救的办法不是简单地扩展，甚至是进一步完善聚合民主，而是补充更多更好的民主协商。通过公共协商可以使人们在决策过程中不被情绪蒙蔽，理性地反思自己的偏好，发现自己真实的个人意志，从而实现真正的民主决策，决策也因此更具有正当性。即一项决策被认为合法的源泉并不是个体先定的意志，而是意志的形成过程。即环境决策的合法性决策并不是代表所有人的意志，而是从所有人参与的协商中产生出来的公共意志决策①。也正是这种公共协商过程实现了从个人环境意志到公共环境意志的转换。

二、包容性的决策程序

环境决策的合法性需要决策被影响者认为决策是正当的、合乎道义的，从而自愿服从或认可，这一需求离不开环境协商过程的包容性。面对现代社会的多元环境价值诉求，我们无法通过新建一种高度统一的道德、宗教规范来解决不同环境价值和差异性生态服务需求间的冲突，这就要求我们不能在各种实质性的信念层次上寻求共识，而只能在追求达成或修改信念的程序、过程和实践中去寻找。正如塞拉·本哈比所指出的，由于现代社会中的人们的意志多元化趋势更加明显，因而在决策中实现共识每每都是奢侈的。若实现共识并不现实，而又要所有人都承认决策的合法性，程序合法性更为恰当。现代社会中不可避免的既有利益上的冲突，也有合作中的摩擦。即使个体或全群体的利益受到不利的影响，民主程序也必须令他们相信相互合作仍然是合法的。在决策中，程序是一种对利益冲突进行表达、审查和权衡的方法。利益冲突越激烈，程序式解决冲突的办法就越重要②。

---

① 杰克·奈特、詹姆斯·约翰森：《协商民主与政治发展》，社会科学出版社 2011 年版。
② 塞拉·本哈比：《走向审议的民主合法性模式》，引自《审议民主》，江苏人民出版社 2007 年版。

广泛的包容性是程序合法性的重要基础。包容性意味着协商主体与协商方式的广泛包容性,这一要求在价值与文化日益多元的社会背景下尤其重要。在现代社会中,只有通过公平公正的合法程序进入决策体系与进程之中,人们才无理由拒绝决策结果。正是因为这些理想的程序条件,所达成的政策才是公平的,才会被每个人所接受。我们需要的包容性并不是形式上的包容性,而是实质上的包容性。在文化多元主义的社会背景下,包容性所要求的并不仅仅是一个普选权的问题,更是要求对不同文化群体与价值观的包容与尊重;不仅仅是一个有权参加投票的问题,更是一个如何保证边缘与弱势群体的声音能够在公共讨论的过程中被倾听的问题。因而,程序的平等性来源于协商方式的平等性与协商主体的包容性。在环境协商民主中,协商方式的包容性源于环境协商与政治协商的不同,环境协商权利主体的虚拟性使得其更为要求协商方式的广泛性。协商民主理论认为协商资格来源于协商主体的公共理性与交流能力,但是这一论述在环境协商民主中存在着天然的缺陷,因为在人类与非人类他者共同组成的生命共同体中,非人类他者并不与人类具有一样的交流协商能力。对协商方式的限制会将许多表达形式和类型排除在外,并使得禀赋较好的团体策略地运用自己的交往能力达到他们自身目的。多种不平等形式可以在公共领域中组合起来,使得受压迫团体更加难以进入公共领域,协商的合法性必然受到损害。每一个协商者都应当留心于他者在阶级、社会性别、种族、宗教等各方面的差异。每种社会位置对公共事务都有其特定的视角,这些视角是不能抛弃的。通过沟通,协商者将超越并转化他们最初的情境化知识。这种沟通过程优先考虑的不是批判性论证,而是礼节、修辞和叙事等沟通形式①。

包容性的协商决策程序也离不开协商程序的平等性。协商民主环境决策机制的程序平等性体现在协商过程的进入权以及协商的议题、程序等方面。前者是指各个环境协商主体可以自由进出整个协商决策过程。后者则具体体现为三个方面:一是基于平等性和对称性原则,所有协商参与者都有平等地

---

① Lorenzo Simpson, Communication and the Politics of Difference: Reading Iris Young. *Constellations*, Vol. 3, 2010, pp. 430 – 442.

提出话题、质疑、询问和论辩的机会；二是所有人都有权质疑话题的设置；三是所有人都有权对对话程序的规则及其应用或执行方式提出反思性论证。总之，通过科学合理的环境协商程序，协商民主环境决策机制可以有效地回应现代社会的多元环境价值诉求，从而具有更好的环境决策效果。

三、协商主体的政治平等性

最早提出协商政治理念的亚里士多德主张将协商局限在小规模同质性的共同体之内，要求参与协商的各方不但必须在经济上大致平等，在一般性能力、教育和文化价值上也必须一致[①]。如果存在不平等和差异，那么政治协商不仅无法规范政治目的，同时也容易导致协商成为精英主义式的政治范式，让那些具有较多文化技术资源以及有能力将自己的利益和价值强加于他者的人受益。我们认为现实社会不平等现实和价值多元化与协商能力之间必然存在着一定的紧张关系。社会中的弱势群体缺少发展各种公共能力的文化资源与能力，从而具有相对较差的协商效力和影响力，同时也会使得他们的理由缺乏公共说服力，导致弱势群体的环境需要和主张很难体现在环境协商的决策中。詹姆斯·博曼将这种公共能力和机能的不平等总结为"协商不平等"，并将其细分为机会不平等、资源不平等和能力不平等三种类型。机会不平等表现为因权利不对称导致的进入公共领域的途径的不平等；资源不平等表现为不同资源拥有者之间的参与能力以及机会的有效运用的不平等；能力不平等表现为因协商能力的贫乏造成的无法全然参与公共协商的不平等。如果在环境协商过程中出现严重的不平等现象，那么协商民主环境决策机制就会失去自身的合法性基础。为此，协商民主环境决策机制需要运用一定的制度设计加以矫正。他也认为通过创建公共领域、平权制度与集体行动等途径可以解决协商不平等现象。[②] 依据这一论断，协商民主环境决策机制首先应当创造一个新的自由而开放的绿色公共空间。通过建构范围广阔且具有包容性的绿色公共空间，环境协商者可以暂时脱离原有的社会地位，甚至在无知之幕下参与公共环境协商。

---

① 刘高吉、刘祖云：《协商民主：四维理论审视》，载《民主政治》2013 年第 4 期。

② 詹姆斯·博曼：《公共协商：多元主义、复杂性与民主》，中央编译出版社 2006 年版。

其次实施一定的平权机制。较为普遍且有效的方式是限制处于有利地位的行动者的言论，或者按照一定的标准将资源再分配给弱势群体。例如比例代表制、累积投票制等。通过这些矫正机制能够有效地使少数或处于不利地位的团体或个人尤其是非人类他者跨入环境协商的大门，获得在绿色公共领域中表达自己的认知与理性并受到尊重的机会，从而促进环境协商的合法性。最后是集体化与组织化。通过集体化或组织化可以将离散的无组织的个体组织起来，汇聚个人与团体的资源、能力和经验，将弱势群体转换成亚公众，并用一个声音表达自己的意愿，使得团体引起公共注意，并将意见转化为社会问题。

综上所述，协商民主环境决策机制所倡议的环境协商民主是针对当代聚合民主弊端考量和批判而提出的一种更为理想的决策模式，通过环境协商民主，我们可以寻求环境共善，协调社会中存在的经济发展与环境保护之间的矛盾与冲突，这是我们在环境利益多元化的社会现实下对生态危机的一种回应，相对于传统生态危机应对方式有着更好的正当性。

第三节　协商民主环境决策机制的合理性

协商民主环境决策机制的合理性在于其具有更好的生态敏感性与公共理性，能够更好地回应当代社会对公共性环境利益的诉求。如果协商民主环境决策机制得出的决策无法满足多元化环境价值以及人们对良好环境内容的追求，那么即使环境协商程序如何公平正义也会腐蚀协商民主环境决策的正当性。环境协商民主强调公共环境利益，将公共利益置于私人利益与局部利益之上，使得属于公共利益范畴的环境关切成为一种正常行为。正如哈贝马斯所指出的，对涉及生态环境的决策要经过充分的讨论，现在活着的公民在能够对传统的功过有中肯的评判，并能够考虑到将来的人的生存条件的基础上而采取一定程度上牺牲眼前利益、维护长远利益的环境友好型决策[①]。协商

---

① 中国社会科学院哲学研究所：《哈贝马斯在华讲演集》，人民出版社2002年版。

民主不受限制的对话、包容性和社会学习使其十分适合应对复杂而多变的生态难题和关切，"充满活力的协商民主实践在环境治理与自然资源管理领域能够明显地提升社会管理生态问题的能力。"① 可以说协商民主理论与环境治理有着很好的契合度，可以利用协商民主理论发展出对生态危机更具有适用性的应对模式。对于协商民主与环境决策的契合性，罗宾·埃克斯利给出了较为全面的总结，她指出协商民主具有应对生态难题的相关复杂性与不确定性，容纳和评估对生态难题的专家科学性知识与本土性认知，以社会包容与生态包容的方式确定评估风险等方面的能力。而且由于协商民主喜欢一种更长期的包容性和厌恶风险的取向，特别适合针对环境保护等的长期性、一般性的集体决策。因为首先协商民主的视野并不局限于特定的政治区划，因此可以作为一种能够应对边界流动性的跨区域民主形式；其次协商民主具有应对与环境难题相关的复杂性与不确定性，容纳与评估对生态难题的专家性与本土性认知；最后是以社会与生态包容性的方式确定评估风险的能力。② 我们认为协商民主环境决策机制从公共利益、环境偏好和生态价值几方面展现出了更好的公共性与绿色性特征。

一、塑造公共环境利益

环境物品作为一种具有公共利益属性的物品，其价值不能完全依靠个人的价值判断来决策，即使是基于个人利益共同做出的决定也会损害整个社会的公共利益，合适的决策机制要求决策具有公共利益属性。在协商民主环境决策机制中，只有受影响者及其代表超越了单纯的自利和局限性环境利益诉求，并经过充分的公共商讨和辩论提出体现公共利益或共同利益的决定才具有合理性。可惜的是并不是所有形式的集体讨论都能带来公共利益属性的决策，只有公共协商③才能在主客观两方面实现这一目标。首

———————

① James Meadowcroft, Deliberative Democracy. *In Environmental Governance Reconsidered：Challenges，Choices，and Opportunities*. MA：MIT Press，2004，P.135.

② 罗宾·埃克斯利：《绿色国家：重思民主与主权》，山东大学出版社2012年版。

③ 公共协商与一般意义上的讨论不同，协商指的是一种特殊的讨论，它包括审慎和认真地衡量各种支持或反对某项建议的理由，或者指的是个人衡量各种支持和反对某些行为过程的理由的内部过程。而讨论并不一定是审慎的、认真的与理性的。协商往往需要决策，而讨论并不一定。

先在主观方面，公共协商可以改变个人的意志，帮助人们更好地认清符合自己长远发展的共同利益以及产生真正共同利益的方式。在环境公共协商中，人们所要协商的内容并非是自己赞成或反对环境治理提议，而是讨论其是否符合政治共同体的共同意志，即良好的环境内容。同时个人必须在公共语境中表达那些能支持他们的观点和立场的有力理由，必须考虑他人或公众的立场与观点或者偏好与利益，这种他者导向的思维范式会促使人们形成"扩大的心智"，主动放弃由自己的私利性主导的环境偏好。其次在客观方面，由于公共协商的公开性要求，即使人们主观上拒绝考虑公共环境利益，但公共协商形成的"伪善的文明力量"也会在客观上迫使人们在环境协商中放弃自私自利的想法，转而公开支持公共性的环境利益。

良好的环境决策同样离不开人们对生态价值敏感性的提高，这就要求必须改变传统的、完全孤立的、私人化的环境价值判断模式，转向公共性的生态价值判断模式，这种转换并不是一个容易达成的目标，理性的人们会不可避免地或主动地或无意识地在经济利益面前降低自己的生态环境变化认知，而为了避免这种现象的产生就需要通过公共协商机制来达成观念的反思和转化。詹姆斯·费什金（James Fichkin）的协商性民意调查实践已经表明，公共协商确实能够在个体层次与集体层次上改变人们的环境政策偏好程度。更为重要的是公共协商提升的不是个人的生态敏感性，而是一个政治共同体的生态敏感性[①]。在公共协商过程中，公共协商在容忍个人认知分歧的前提下要求受影响者围绕对公共利益进行环境行为的因果关系讨论，讨论不是为了证明个人环境行为的正当性，而是为了重塑环境共识和公共利益的价值标准。如上所述，公共协商在主客观两方面都有助于公共环境利益的塑造，虽然公共协商并不能保证倾向于公共物品的观点必然出现，但是至少具有促进作用。二者之间的关联在于决策目标与选择过程的充分互动，尤其是一个更加开放、反思与具有包容性的参与过程最为重要。

---

① 詹姆斯·S. 费什金：《倾听民意：协商民主与公众咨询》，中国社会科学出版社 2015 年版。

二、发展公民环境偏好

一方面，协商民主环境决策机制的目标在于寻求符合共同体环境诉求的合意性环境决策，故而其应当建立在集体性的公民环境偏好基础之上，而不是环境消费者偏好之上。消费者偏好从个人角度来思考问题，反映的是个人的消费喜好，追求的是个人效用的最大化，例如当一个人口渴时购买矿泉水而非可乐，就反映了这个人的矿泉水偏好。消费者偏好的表达公式为"我想要"，衡量标准是个人角度的好与坏。由于每个人都可以了解自己的消费喜好，个人可以直接体验或了解自己偏好所造成的影响，故而消费者偏好通过市场机制就能得到很好的实现。与消费者偏好不同，公民偏好反映的是个人作为共同体成员所承认的特征、承诺和认同。公民偏好需要人们从社会、共同体的角度思考问题，表达公式是"我们应当"，衡量的标准是错与对，追求的是社会效用的最大化。美国环境哲学家诺顿将人类的环境偏好分为了感性偏好（felt preference）和理性偏好（considerate preference）两种类型。所谓感性偏好是指根据人的感官感受或人的感觉经验所表达出来的一种心理欲望或需求，感性偏好来自个人当前最直接的需要，通常不考虑满足这种需求所附带的其他后果，具有任意性的特征。相反理性偏好则是人们经过理性的审慎思考过后表现出来的欲望或需求，是在充分考虑"感性偏好"的满足所带来的各种后果后的偏好，是对感性偏好的反思。我们认为公民环境偏好并非来自直接的纯粹感性，是人们经过理性反思的结果。这就意味着在环境决策中，具有正当性的偏好必然是经过理性反思的理性偏好，而未经过理性反思的感性偏好则应当受到约束和制约。一个好的环境决策机制并不是在任何情境下都尊重个人环境偏好。当个人偏好与公共环境福祉相矛盾时，一个民主政府不应着力于满足公民的各种特殊偏好而应促进符合社会共同利益的偏好的发展①。例如在面对森林提供的生态服务时，木材公司具有为经济利益而大量砍伐树木的环境偏好，然而这一偏好对于整个社会而言并不是正义的，好的环境

---

① Hayward Brownyn M., The Greening of Participatory Democracy: Reconsideration of Theory. *Environmental Politics*, Vol. 4, 1995, pp. 215 – 236.

决策必然不会满足木材公司的环境偏好。这就是说如若在同一种生态系统服务中出现个人或部分环境利益与社会整体环境利益冲突的时候，相应的决策机制需要具有选择社会整体利益的潜能，而公共协商则具有这种潜能。学者西蒙·尼迈耶认为"传统的聚合式民主无法揭开人们心中的面纱，不会发现并激发人们心中隐藏的环境偏好，而协商民主具有释放人们心中虽然强烈但是潜在的环境关注的功能"[①]。

　　另一方面公共协商对人们发现真正的公共偏好有极大的作用。首先，公共协商也可以帮助人们知晓真正的公共环境偏好。环境偏好的复杂性使得个人无法洞悉所有的偏好，更无法将不同的决策后果与比较优势了然于胸，每个公民对环境议题都有自己的看法与诉求，并且这些看法与诉求的重要性并不固定。只有通过高质量的协商讨论，公民个人才有可能对自身的环境观点和意见进行批判和反思，才能真正了解自己的环境偏好及其所带来的后果，并据此对自己的偏好与诉求进行排序。因此公共协商强调产生于参与者思想的开放性和灵活性的社会习得，促使人们进入一个公共对话并且准备通过理性的讨论而改变其偏好。其次，公共协商还可以提高集体性环境偏好的结构化程度。协商可以使得政治共同体所面临的偏好序列得到改变，这样就能缩小进入最终决策程序的偏好序列的数量范围，使偏好序列变得更具有连贯性。最后，公共协商可以实现非诱导性的偏好。诱导性偏好使得人们不知道自己真正的需求是什么，表现出来的偏好只是在一定的背景下虚假的偏好，反映了哲学范畴内的异化现象。公民应当在一个对比、讨论过程中公开自己的偏好，然后经过理性评估的建议和适当的变化，然而并不能保证人们会这样做。而协商民主的公开性和平等性则可以避免这种异化现象的产生。总而言之，公共协商可以激发隐藏在人们心中的公共环境偏好，也能更好地帮助人们梳理真正的环境偏好。

三、回应多元环境价值

　　一种环境决策机制的好坏很大程度上取决于其能否全面发现并实现生

---

① Simon Niemeyer, Deliberation in the Wilderness: Displacing Symbolic Politics. *Environmental Politics*, Vol. 13, 2004, pp. 347 - 372.

态服务价值，这也就意味着在环境价值多元化的背景下，环境决策不再是简单的技术性的成本与效益分析，而是对多元环境价值的回应。与传统的环境决策机制相比较，协商民主环境决策机制更为关注多元化的环境价值，尤其注重生态环境的内在价值，可以说具有更高的敏感性，可以带来更为"绿色"的环境决策。

（一）环境价值的类型

由于人们对人类与环境关系存在着人类中心主义和非人类中心主义[①]两种观点，相应地也就产生了工具价值与非工具价值认知。人类中心主义属于主观主义价值论范畴，主张"主客二分"，认为自然价值源自人类社会，并以自然的有用性的形式存在，生态环境只具有工具性价值；非人类中心主义主张客观主义价值论，认为自然环境与人类都是主体，都具有自己的存在价值，生态环境不只具有工具价值，也有着存在价值。

1. 环境的工具价值。

生态环境的工具价值产生于生态系统对人类的生产、保护与废物吸纳等功能，包括了对人类的健康福利价值、对社会—经济系统的支撑和服务价值等。环境工具价值的大小限定于其对人类生存与发展的效用性，处于不同发展阶段的人们对不同的生态服务价值具有不同的认知度，相应的价值认识与支付意愿也在不断发展变化中。由于人类中心主义主张的工具价值论认为只有人类自己才具有内在价值，才有资格获得伦理关怀，而其他存在物都无内在价值，因而人的一切要求都是应当被满足的合理需求，这在一定程度上导致了今天的生态危机。环境工具价值可以继续细分为资源性服务价值和舒适性服务价值两个维度。资源性服务价值可以为人类的生存、发展和享受提供必要的物质性产品，其价值大小是由其有用性和稀缺性决定的，并且都是可以通约的，市场机制下的价格是最好的价值表达方式。舒适性服务价值指的是生态系统为人们提供的舒适性服务。徐志摩在其《我所知道的康桥》一文中就这样描述了舒适性服务价值，"'只要不

---

① 非人类中心主义可分为几种类型：以辛格、雷根为代表的动物解放/权利论；以施怀泽、泰勒为代表的生物中心论和以利昂波德（大地伦理学）、阿恩·纳斯（深层生态学）、罗尔斯顿（自然价值论）为代表的生态中心论。目前几种类型之中生态中心论最具有影响。

完全遗忘自然'，一张清淡的药方——我们的病象就有缓和的希望。在青草里打几个滚，到海水里洗几次澡，到高处去看几次朝霞和晚照，你肩背上的负担就会轻松了去了的"①。相对于资源性服务价值，舒适性服务价值通过市场机制鉴别、量化和货币化较为困难，常常需要价格之外的价值表现方式。无论是资源性服务价值抑或舒适性服务价值都属于浅层生态学范畴，主张自然资本与人造资本存在着合理的通约与替代性关系，并对生态环境的开发和利用秉承乐观主义态度，认为环境问题的根源在于技术层面，相信生态危机可以通过更加科学与合理的工具化利用得到解决。

2. 环境的内在价值。

随着生态知识与道德认知的深入发展，人们逐渐发现了人类中心观的不足，于是出现了非人类中心主义。非人类中心主义认为自然界、生态链或环境是和人类一样独立的、平等的道德主体、价值主体，非人类生命与人类一样有着平等的福利与繁荣权利，具有自身的存在价值，因而人类应当将道德关怀的范围从生命物扩展到无机物，从生命个体扩展到整个自然界。一般情况下人们将生态环境的内在价值②分为存在价值（existence value）与选择价值（option value）两种类型。所谓环境的存在价值则是指生物、植物、物种，甚至河流、山川、生态系统及自然本身都是道德共同体的组成部分或成员，在道德地位上和人类是平等的，其价值并不因其对人类的有用性而存在。选择价值产生于人们环境知识的有限性，类似于经济领域中的机会成本，具体是指生物多样性的未来价值或潜在价值。多样性的生态系统为新的具有潜在价值物种的出现创造了机会，而由于我们对复杂生态系统的认知有限性，看似"无用"物种的消失可能是导致生态系统崩溃的最后一根稻草。认知并承认环境的内在价值对环境保护十分重要，因为生态环境的破坏不仅来自人们的经济与政治利益，人类中心主义的狭隘价值观也是破坏自然环境的元凶之一。环境的存在价值是人们重视

---

① 徐志摩：《我所知道的康桥》，二十一世纪出版社 2014 年版。

② 生态环境的内在价值观点分为两种：一种观点认为自然的对象或者事物具有完全独立于有意识的人类精神的价值；另一种观点认为自然价值独立于人类评价者的目标是与生俱来的，但价值评估则属于人类的一种有意识的活动，赋予性的价值是因文化而异的，只能在具体的文化传统的语境中来理解。

长期环境利益、避免过度追逐短期环境利益的哲学基础，并为人们对环境的肆意破坏提供了批判空间与约束。比如内在价值观要求人们行为是否带来环境损害的举证责任应当属于环境使用者，而不是环境保护者，这就为人们对环境的肆意破坏提供了有力的约束机制。

（二）内外部环境价值冲突

生态环境的"混合价值实体"[①] 特征导致价值冲突不可避免。环境的价值冲突来自内部与外部两个维度。外部冲突指的是环境价值与其他价值之间的冲突。环境价值的内部冲突指的是不同环境价值之间的冲突。每一主体都会从自己的实际出发来选择价值，所处发展阶段不同的国家、地区和民族主体具有不同的价值认知，而且即使是同一共同体内的人们之间也会因为价值认知差异而产生紧张关系。环境价值的冲突源于生态系统服务的不可通约性与不可兼容性。环境价值的不可兼容性意味着一种环境价值的行为的选择必然会导致其他环境价值选择的放弃。生态服务的不可兼容性现象十分普遍，存在于各个层面，既可以发生在不同类型的价值之间，也会出现在同一价值内部。例如在生态敏感区修筑道路就存在着环境保护与经济发展间不可兼容的价值冲突；在风景优美的海边修建风力发电机就存在着降低海岸风景价值的危险。环境价值的不可通约性意味着环境价值没有共同的特征或独立的评价标准，不可通约性也意味着各种环境价值之间并不一定存在补偿性，没有一种环境价值可以还原为另一种环境价值，任何一种环境价值都不能简单地凌驾于其他环境价值之上。比如说湿地既具有作为物种丰富与多样的动植物栖息地的价值，也具有作为一个可供观赏自然风光的旅游风景地的价值，两种价值之间并不存在高低贵贱之分。

1. 环境外部价值冲突。

在人类的社会经济发展进程中，环境价值并非人们所追求的唯一价值，人类需要面对经济价值、政治价值、文化价值、环境价值等诸多方面的价值选择，各种价值之间并不一定是可兼容和可通约的，故而价值冲突不可避免。当生态系统只能提供一种价值服务的时候，竞争性的诉求就会

---

① Raj and Girffin, Mixing Values. *Proceedings of the Aristoetlian Society*, Vol. 65, 1978, pp. 23 – 31.

带来紧张关系。外部冲突主要是利益冲突，而且当生态系统提供的经济利益、环境利益存在冲突的时候，人们总会以经济发展利益为主，甚至会不惜以牺牲环境价值为代价换取一时一地的经济增长。当然我们也要看到即使在工具性价值之间，由于人们身处不同的社会经济发展水平，故而对经济价值的诉求也存在紧张关系。例如在经济发达地区人民会更加追求生态系统所提供的舒适性产品与服务，而贫困地区的人们更加重视生态系统所提供的物资性产品与服务。这就是说环境的工具性价值在不同的社会经济发展水平下具有不同的认知度，相应地也代表了不同的支付意愿。

2. 环境内部价值冲突。

除了与其他社会价值存在冲突外，环境价值内部不同理念之间也存在着紧张关系。不同环境价值内部的冲突更多的是一种价值冲突，其源自人类自身道德基础的差异性，也源自生态系统的客观现实与人们的认知局限。比如在环境内在价值的承载主体方面就有着个体论与整体论两个维度。个体价值论认为存在价值的载体是各种生命形式，不同的生命形式具有不同程度的存在价值，或者所有的生命形式都具有同样的价值；整体价值论则认为从个体角度讨论存在价值是无意义的，认为只有整体性的生态系统与过程才具有存在价值。不同的环境价值认知会带来不同的环境行为。例如在著名的美国环境保护运动过程中就因为价值认知的差异而出现了两种不同的环境保护理念。一种是以缪尔为代表的"保存主义者"，主张人类不应以任何理由对原始森林和荒野进行开发，应该保持自然的本来面目，人应该顺应自然，接受自然发展过程的全部结果；另一种是以平肖为代表的"保护主义者"，主张人类可以根据大多数人的利益和长远利益，对自然进行有计划的开发和合理的利用，对荒野和天然资源进行科学的管理。可以看出无论是保护主义抑或保存主义，都认识到了环境保护的重要性，但具体实施方式则迥然不同。

（三）多元环境价值

任何一种环境决策机制都必须面对多种多样的环境价值冲突。对于这一问题，不同的环境决策机制采取了不同的解决方式。比如秉承经济理性的市场机制就主张通过一元价值论（value monism）来解决环境价值之间的冲突，具体方式为通过市场化或者准市场化的方式将生态环境市场化，并以市场价格作为我们行为的依据和目标。一元价值论因为简单易行而富有吸引力，但是其存在着一个致命的理论缺陷，即只要货币收益足够大，环境破坏就是可行的。而且事实上有些环境价值是不能用货币衡量的，也无法进入经济系统进行定价和交换。市场机制仅仅追求生态产品与服务的利用效率，只考虑环境决策的好与坏，而不考虑价值诉求的对与错，缺乏社会正当性。环境决策机制作为一种公共物品决策机制，要求我们不仅要考虑决策的好与坏，还需要衡量决策的对与错。当代社会中人们对生态产品与服务的决策不能局限于获得经济收益，而应是一种多元化的价值体系。只有多元价值主义才可以理解环境价值的多元性并且能够在环境决策时合理地应对环境价值冲突。就如学者索珀（Soper，1995）所指出的，"环境政治应当追求多元化价值，各种不同的价值需要显露出来，而不仅仅是假定的"。

所谓多元主义指的是当代社会个人和团体对幸福生活有着多种相互冲突且不可调和的概念和认识。而多元环境价值则可以理解为个人和社会团体对生态环境有着多种相互冲突的概念和认知。对于现代社会的多元主义，罗尔斯、内格尔等学者主张建构一个中立价值来解决人们对幸福生活的相互冲突的理解，这种中立价值可以借助不同幸福观的合理普遍原则之间的重叠共识而实现；与罗尔斯等人的中立价值观不同，拉兹、凯姆利卡等学者则认为如果个人或组织具有自我选择的机会与能力，那么则可以有效回应环境的多元化诉求，因而高度的自治是回应多元价值的最好方式①。

其实环境价值的多元并不令人担忧，令人担忧的是不同环境价值观念的持有者没有机会进行平等的相互交流并达成相互理解。对于当今的环境决策机制而言，为应对人类之间或人类与非人类之间的丰富的、多样的交流关系，任何环境决策机制都不能用单一的价值论来判断人类与自然之间的关系，而应当通过具有包容性的、能够理解环境价值多样性的理论框架来分析环境价值。在价值多元主义背景下进行判断，冲突永远都会存在，

---

① 孔凡义、况梦凡：《生态政治及其协商民主转向——对话马修·汉弗莱教授》，载《国外理论动态》2016 年第 6 期。

多元主义下应对环境冲突应被理解为是多元选择的问题，而不是使单一的内在价值或经济有效性最大化的问题。解决多元环境价值的路径就在于通过有效的机制实现多元环境价值判读，当然这种价值判断不能不仅仅基于个人的知识与利益，而应包括他人的知识、体验和见解。理解他人的判读意味着理解他人的观点与价值，通过理解他人的判断、观点与价值，环境决策越多考虑别人的观点，判断也会越丰富，也只有考虑他者与非人类实体的价值，环境决策才具有反思性。而符合上述要求的价值判读方式就是公共性的环境协商。

（四）协商民主与多元环境价值

在环境价值的多元主义下，不同环境价值之间会存在冲突，同时也有在具体时点上进行价值权衡和排序的要求。许多环境价值冲突不是由于经济价值的补偿或分配不均而产生的矛盾，而是由于多元价值不可比性所导致的观念冲突，它无法通过利益的重新分配得到解决，只能通过不同价值之间的协商加以解决。强调程序主义的公共协商无疑是一个较好的选择。正如学者陈家刚所指出的，生态社会需要一种既能包容冲突、又能化解冲突的民主设计，协商民主就是这样的制度安排[1]，其在解决环境价值冲突、凸显公共环境利益和认知有限性方面有着独特的优势。

1. 体现多元环境价值。

由于环境价值的不可通约性与不可兼容性，环境决策机制存在着对环境价值的权衡和排序问题。进行这种价值选择不能简单地通过市场或强制命令来解决，市场机制也不适用，只能通过集体讨论达成一定程度的共识来实现。比如阿伦特认为，"基于私人领域的价值判断适合于市场领域，但是并不适合公共领域。基于私人利益的价值判断在公共领域中是无效的。超越自我局限的价值判断不会在苛刻的隔离与独立状态下实现，需要他人在场，需要考虑他人的地位，需要考虑他人的观点，否则公共领域内的价值判断无法实现"[2]。公共协商可以发现环境的多元价值有可能在不同价值诉求的人群之间实现某种程度的共识。在公共协商中，各个环境利

---

① 陈家刚：《生态文明与协商民主》，载《当代世界社会主义》2006 年第 2 期。
② Hannah Arendt. *Between Past and Future.* New York：Viking Press，1968，P. 220.

益相关者在平等表述自己观点的同时也在倾听别人的观点，同时也在进行换位思考。公共协商不仅丰富了听者的信息，也通过设身处地的换位思考，调整自己的思维方式和看问题的角度，发现不同环境决策所代表的价值诉求与后果，并通过对新发现问题的关注和思考，在一定程度上加深了对其他参与者的理解，从而能够兼顾到其他人的利益。经过多次平等的对话和同时进行的换位思考及反思，所有参与者都在扩大自己的思考范围，提升自己的思考高度，有效回应多元环境价值诉求，促进一致意见的达成。

2. 凸显公共环境利益。

在缺少统一的环境道德框架下解决价值冲突，个人必然成为追求自己既定环境偏好的精致利己主义者，相应地，人们也就会选择能够使可欲的生态需求和环境偏好最大化的政策，这样的偏好聚合过程是一个黑箱操作过程，每个人的环境偏好都是主观的，并在聚集过程中将精英人群的环境偏好视为全体公众的环境偏好。传统的私人环境决策机制没有要求人们为其投票提供任何公开的理由或原因，因此人们可能完全根据自己的私利而投票，既无需考虑其对集体福利的影响，也不需要证明自己投票的政治正当性。与投票机制相比，一方面，协商民主的公开讨论使得参与者因为害怕表现出自私而不愿意提出或支持纯粹的自利性提案。另一方面，参与者在某种程度上关心其他人的观点，考虑其他人的福利，更加关注公共福利。总之，公共讨论在逻辑上就预设了参与者要根据公共利益来证明建议的正当性，这无疑适合于天生具有公共价值的环境价值诉求。

3. 缓解环境价值认知局限。

环境价值选择不仅和权利主体的价值观念相联系，更会受到相应的社会条件和能力的制约。在社会和能力条件的约束下，做出超越当前社会经济发展水平的环境决策既不现实也不可行。我们只能根据自己力所能及的程度使所有环境价值得以充分实现。通过集体讨论，我们可以了解当下不同经济收入人群的价值排序，尽力找到经济价值、社会价值与环境价值之间的结合点，努力找到既保护环境又持续发展的度。正如汉娜·阿伦特（Hannah Arendt）提出的"扩大的心智"一样，公共协商扩大了人们的心智，将自己放在其他人的角度并且将自己从私人条件下分离出来①。在扩大的心智中，判断并不意味着冲突被克服，而是价值不能仅仅基于个人自愿和私人考虑，而应当吸收其他人的知识、经历和见解。而且与其他决策方式不同，环境协商本质上是一个持续性的过程，这代表了其所引致的环境决策本质上是一个开放的、持续的、不断发展的过程。在协商民主环境决策机制中，环境决策只有逗号，没有句号，可以随着新证据的加入而进行调整，并因此增加决策的合理性。

---

① 汉娜·阿伦特：《人的情况》，上海人民出版社 2017 年版。

第三章

协商民主环境决策机制的协商主体

作为一种运用公共协商制定环境政策的机制，协商民主环境决策机制中的协商主体决定了环境决策的正当性与可行性。环境协商主体的选择原则为受到环境决策影响的受影响者，包括了当代人、后代人与非人类他者；同时各环境协商主体之间形成了一种环境协商共同体，不同的协商主体在公共协商中发挥着不同的功能与作用。

第一节　环境协商共同体

协商民主是一种受影响者的民主，而不是由受影响者构成的民主。因而在协商民主环境决策机制中，受影响者并不受护照、国籍、血缘、种族或宗教的限定，而是由现实与潜在的环境政策影响联系在一起，其主体范畴预设了一种共同体概念——环境协商共同体。与其他共同体相比，环境协商共同体的划分标准是生态的、环境的，而不是行政的、政治的，其目标是从严肃的公共协商中获得共同体价值，而不是个人的私利价值。

一、环境协商共同体辨析

(一) 环境协商共同体的内涵与意义

共同体是指社会中存在的，基于主观上或客观上的共同特征而组成的各种层次的团体、组织，是基于一定的条件而结成的群体性共存关系，有

着群体性、共同性、稳定性和封闭性的特点①。共同体是人类社会存在与
发展的重要形式，也是人类群体结合方式的高级形态。马克思指出人只有
在共同体中才可能实现真正的个人自由。最初共同体范畴仅限于人类社
会，然而随着人们对人与自然关系认知的加深，人们逐渐意识到自然和人
类是休戚相关的共同体，于是各种环境共同体的概念相继出现，成为我们
分析环境问题、解决生态危机的基础，同时也在一定程度上避免了人类中
心主义与非人类中心主义带给人们的困扰。大地共同体是最早的人与自然
的共同体概念，由生态伦理学者奥尔多·利奥波德（Aldo Leopold）提出，
他将地球的生态系统看成是一个共同体，人类与其他生物都是我们星球中
的普通成员②。共同体中每个成员都相互依赖，都有资格占据阳光下的一
个位置，大地共同体中人类不再是自然的征服者，而是共同体中的平等的
一员。已经出现的各种环境共同体概念反映了一定的环境治理诉求，但是
均不能完全满足协商民主环境决策机制的要求。美国学者巴伯和布莱德认
为环境决策的协商转向需要在环境决策影响范围基础上建构一个科学的共
同体，只有在确定了共同体范畴之后才有可能实现环境协商的正当性与可
行性。环境协商共同体需要考虑生态环境与社会文化两方面因素。一是按
照"受影响原则"来确保环境决策的公正性与包容性，二是通过文化属
性形成共同的归属感来确保环境协商的可行性。因为在共同或相似的生态
文化中更容易实现有效协商，找到共同的利益和共识。环境协商共同体既
是责任共同体也是权利共同体。这就是说环境协商共同体中的协商主体既
享有拥有环境良物的权利，同时也有避免环境恶物的责任，二者是相辅相
成的，缺一不可。基于以上基础，我们认为适合协商民主环境决策机制的
环境协商共同体属于生命共同体范畴，是一个与生态环境有关的不以人类
意志为转移的自然形成的，由当代人与后代人以及非人类他者构成的共同
体，具有风险共同体、责任共同体和文化共同体的特征。

　　环境协商共同体不仅解决了环境决策必须面对的人类中心主义与生态

---

　　① 齐格蒙特·鲍曼：《共同体》，江苏人民出版社2007年版。

　　② Gerald F. Vaughn. The Land Economic of Aldo Leopold. *Land Economics*，Vol. 75，1999，
pp. 156 – 159.

中心主义之争，更为重要的是解决了导致环境政策屡屡失败的阶层制决策结构。美国学者默里·布克金（Murray Bookchin）等学者指出，今日的环境破坏与生态危机的根源在于既有的阶层制决策结构。所谓阶层制是指人与人之间在资源占有、社会力量、交往身份等方面总是存在一种地位上的"势差"。阶层制必然造成支配性政治结构，导致人们在处理与"他者"的关系时采取压迫性、强制性做法。这种支配关系"折射"到人对自然的关系上，就体现为人类对自然的过度使用，导致我们对生态资源与污水池的无限索取①。同时人类社会的阶层制使得最为贴近自然环境、最具有生态敏感性的社会底层无法制定政策，而距离环境破坏影响最为遥远的上层社会却几乎不必直接承担任何环境破坏代价，也可享用大量的生态利用红利。这不仅意味着环境不正义，更会使支配者可以不必顾及成本地索取生态环境资源，因此只要"支配—被支配"的阶层制政治结构存在，那就必然导致社会成员之间的权利与责任（义务）不匹配，当这种不匹配涉及人与自然关系时必然带来生态问题。因而如果不彻底处理支配—被支配的社会结构，环境决策也就失去了其正当性。与阶层制不同，共同体反对"支配—被支配"的不平等结构，倡导一种利害与共的平等的权利架构和交往方式。在共同体中不存在支配结构中的那种高高在上的强势者，因而生态决策权被掌握在那些相互平等的共同体成员的手中，也因此解决了环境决策中有能力和资格影响生态环境状况的人不关心生态环境的状况，而那些与生态环境发生直接的联系并更关心这一状况的人却又没有施加影响、做出决策的能力与资格的错位问题②。总之，环境协商共同体的成员之间的相互平等的共同体意识、紧密的政治关系有助于塑造一种家园感的氛围，可以使得各个环境协商主体在选择环境决策时更加具有"切身化"特性，认识到自己是造成环境后果的元凶也是承担者，就会比身处支配结构的决策者更加关心、顾及环境的承受能力和健康状态。

（二）环境协商共同体的特征

环境协商共同体在不同历史时期与不同地域背景下的形态、类型、范

---

① 默里·布克金：《自由生态学：等级制的出现与消解》，山东大学出版社 2012 年版。
② 李义天：《地区共同体生态政治学的处方及其问题》，载《南京林业大学学报（社科版）》2008 年第 2 期。

围和特征会有很大的不同。对于环境协商共同体而言，其除了群体性、共同性、稳定性和封闭性等一般性特点外也有着自身的特点，比如边界的生态性、诉求的公共性等。环境协商共同体既是一个生态价值共同体，也是一个生态责任共同体；既是内生性的共同体，也是建构性的共同体；既是地域共同体，也是人与自然的生命共同体，其在一般情况下具有如下几点特征。

1. 生态性与开放性。

一方面，环境决策影响具有外部性和延期性特征，一项环境决策的影响可能会波及其他行政地区甚至会影响到每一个国家中的每一个公民以及所有其他的不属于这个国家的人，而且很多时候其影响在很久之后才出现。正如德雷泽克曾说过的，生态问题很少是与国家边界相符的，相反生态区域的边界是由分水岭、地表特征或构成生态系统的物种来界定的①。这就告诉我们环境协商共同体作为一种解决环境关切的共同体概念，其范畴必然具有明显的生态环境特征，应该基于生态系统的整体性和环境影响的关联性来划定。

另一方面，不同的环境决策影响的生态区域是不同的，因而环境协商共同体需要根据具体的环境问题来建构，其边界很少是确定的或固定不变的，具有边缘不确定性或时空区域正在消失的特征②。基于这一原因，我们必须依据具体生态环境问题的性质与范围来划定共同体边界，需要创制出更加灵活的民主程序，从而能够涵盖复杂而多变的生态难题以及它们所影响到的人类与非人类他者所构成的生命共同体，例如流域生态共同体、气候生态共同体、湿地生态共同体等。

2. 道德性与责任性。

亚里士多德认为，所有共同体都是为着某种善而建立的，而共同体的核心是公民作为共同体成员实行的自治，自治既是一种政治参与，又是一种道德参与。③ 环境协商共同体的道德性具有两方面意义。一是对非本国公民的道德意义。协商民主的受影响原则要求环境协商民主的主体范畴为

---

① 约翰·德雷泽克：《协商民主及其超越：自由与批判的视角》，中央编译出版社2006年版。
②③ 罗宾·埃克斯利：《绿色国家：重思民主与主权》，山东大学出版社2012年版。

任何受到环境决策影响的实体，在环境影响必然跨越政治边界的现实背景下，环境协商共同体的公民不受行政地域限制。尽管不是某国公民，但是如果该国所制定的公共政策对他们权利构成了影响的话，本国公民和他们都有权参与到讨论中来①，而外国公民就成了古特曼提出的"道德意义上的选民"②。二是对非人类他者和子孙后代的道德意义。只有道德共同体才会实现道德向所有自然事物延伸，向未来世代的延伸。在环境协商共同体中，具有多种优势的当代人不仅是其中普通的一员，也是具有伦理关怀的主体，并且其伦理关怀的范围是一个从人类中心主义拓展到非人类中心主义的过程，从人类扩展到动物，再从动物扩展到植物和所有生命共同体，进而扩展至大地、岩石、河流乃至整个生态系统。在这里人类与生态环境的关系不再是一种由功利原则主导的工具关系，而是由伦理原则来调节和制约，赋予自然价值和权利的新型关系。

环境协商共同体也是一种责任共同体，环境协商共同体的主体选择原则为选择主体能否承担起共同体的其他成员的责任和义务。我们承认环境协商共同体中的各主体具有享受良好的生态环境的权利，也有对如何实现环境保护提出建议并做出行动的责任。只是相对于权利而言，在环境协商中更为强调主体的责任性而已。环境共同体为人类共同的环境行动提供了一个公共场域，在这个公共场域内，具有不同地位的人们在保护环境上达成共识，采取共同体的行动。在这一共同体中，人类个体对共同体所做的一切努力与付出所追求的并不是私人的经济利益，而是共同体的生态利益，这也决定了对于共同体中的成员而言，其分配的主要是责任，而利益则是共同体的公共利益，即共同体的生态安全。

3. 契约性与文化性。

环境协商共同体中的主体范畴以生态特征为标准，既包括人类也包括非人类他者，即包括了整个生态系统的所有生命形式。各生命主体按照生态法则运转，没有一个金字塔式的等级结构和等级秩序在实行内部控制，共同体各方将承担起对这个共同体的其他成员的责任和义务。只是由于当

---

① 董波:《亚里士多德论民主》，载《世界哲学》2019 年第 6 期。

② 谈火生:《协商民主的技术》，社会科学文献出版社 2014 年版。

代人作为生态环境资源的托管者尤其对后代与自然有着强烈的契约责任。文化性是环境协商共同体的另一个特征。文化性的目标在于保证环境协商的可行性。某种意义上生态问题是全球性的，而环境问题则是地域性的，同样的环境问题在不同的文化中存在着不同的价值认知，也导致了差异性的应对策略。共同的文化一方面容易达成环境问题上的共识，另一方面容易在应对策略方面形成一致。更为重要的是共同的文化可以形成共同的地域感。任何个人的生产和生活都会汲取自然资源并向环境中排放废物，只是存在着固定生态匪帮与流窜生态匪帮的区别。通过共同体文化可以建立区域生态归属感，让人们成为具有长期考虑能力的固定生态匪帮。

（三）环境共同体的划定原则与要求

作为协商民主理论的具体实践，划定环境协商共同体主体范畴的首要标准必然是受影响原则。受影响原则源于康德，属于世界主义话语范畴，主张政治边界并不适合于共同体的民主原则，每一个个体都不应受制于在缺乏充分信息与自由同意的背景下对其产生潜在影响的规范。这就要求所有受到现实或潜在环境风险影响的当代人、后代人和非人类他者都有参与到协商之中的机会。由于罗尔斯世界主义的"受影响原则"在实践中面临着如何确定影响的意义与范围的挑战。我们认为协商民主环境决策机制中的共同体需要的是一种更为灵活的受影响原则，以便适应绿色公共领域边界的变动性和多孔性。为了实现环境协商的可行性，环境协商共同体除了坚持受影响原则外还需要在资源与能力的约束条件下实施一定的归属原则，也就是说理论上的"受影响原则"往往需要融入"归属原则"的因素才具有可操作性。虽然受影响原则和归属原则存在着一定的紧张关系，但只有将二者有机结合在一起方能形成更具有开放性的、恰当的环境协商共同体，既能够最大化地聚集民意也能够以合法手段落实决策，成为协商民主环境决策机制的基础。

基于上述原则，我们认为恰当的环境协商共同体应当从理论与现实两方面加以构建，并且需要满足合法性与可行性两方面要求。一方面受影响原则下的协商主体广泛性能够带来更多的环境风险信息，缓解人类的有限理性；另一方面由于人类认知有限，只能在具有限制性的规模范围内才可能重新审视人类与自然之间的关系，并为自己的环境损害行为进行反思。最终我们认为环境协商共同体应当包括如下几条要求：一是协商主体应当是对环境变化具有切实感受的公民或组织机构，尤其需要注意常驻匪帮与非流窜匪帮的区别；二是协商主体的范围不能太大，且各协商主体最好具有共同的生态文化，以便形成有效协商；三是环境协商的范畴是具体的、历史的，每一个环境问题所确定的协商主体范畴都是具体的，同一个环境问题在不同时期所确定的协商主体也不同。

二、生态区域与环境协商共同体的辨析

环境协商共同体应按照"受影响原则"适当考虑划定范围的文化、利益与认知因素，因而环境协商共同体具有生态与文化双重特征。具有生态与文化特征的生态区域主义是一种值得我们参考的共同体圈划方法。生态区域是一个规模合理的、具有人类尺度的组织系统，它在自然生态过程方面相对独立，在经济方面能够基本自立，在政治和行政方面也能自成一体，[①] 为环境协商民主决策机制提供了最为适当的空间尺度。

（一）生态区域主义的内涵

生态区域（bioregion）从字面上可以被理解为一个生命场所（life-place），具体范畴或者由地理、气候、水文等生态特征划定，或者由特定生态特征下的文化所划定，但是均要求其可以支撑一个独有的由人类与非人类他者构成的生命共同体的生存与发展。目前学界普遍认为是加拿大学者艾伦·范·纽柯克（Allen Van Newkirk）于1974年最早提出了生态区域的概念，具体内涵为"从生物地理角度阐释的文化区域"[②]。此后这一概念于20世纪70年代在美国旧金山地区流行起来，尤其是在生态学家彼得·伯格（Peter Berg）与地理学家雷蒙德·戴斯曼（Ramond Dasmann）的共同推动下，生态区域主义成为一种在深入了解地方性的气候、生态、

---

① Aberley, D. Futures By Design, *The practice of Ecological Planning*. Gabriola Island: New Society Publishers, 1994, P. 56.

② D. Berthold - Bond, The ethics of "place": Reflections on bioregionalism. *Environmental ethics*, Vol. 3, 1998, pp. 35 - 56.

物种以及文化的基础上，发展形成的一种通过嵌入式的人与景观关系来回应日益严重的环境危机新理念。在学者们看来，生态区域应当包含自然与文化两种特征，具有地理领域（geographic terrain）和意识领域（terrain of consciousness）双重范畴。地理领域为气候因素、地理特点、植物特性以及其他描述性自然特征，而意识领域则是人们对居住场所的认知及情感①。生态区域空间首先是一个自然与地理区域，可以依据生态群落、流域、地域划分，也可以根据主要的物种、山脉、排水系统等其他自然特征划定。其次生态区域也需要隐藏在特定生态特征背后的人们对某种生态特征所划定的地理区划的归属感。生态区域的核心内容在于生命场所，是生命共同体赖以生存的基础。也正是由于生态区域产生于文化与自然间的互动，因此其边界是灵活的，并处于不断变化和演化过程中，可以根据不同的环境诉求给出差异性的边界范畴。

生态区域作为地理区域和文化相结合的共同体区划，体现了人类与自然在特定生态系统上的统一，尤其是其所主张的生态归属感会让协商主体具有固定匪帮的特征，更会在协商之时产生公共利益导向。在生态区域主义观念下，生活于一个特定地理位置的人们通常会对该地的自然状况具有共享意义，某些生物特征（森林、湿地）和物理特征（河流、高山）都被当作地方性的符号和象征，并且充当了一种地方性的黏合剂或者共同认知基础。对于一个生态区域主义者而言，家的概念源于自然环境而不是人造环境，例如居住在纽约的人认为自己是哈德逊河人，而不是纽约人。在生态区域理念中，居住在其中人们不再是生态消费者或开发者，生态区域是人们居住并生活在其中的地方，人们是居民更是公民，尤其是当政治经济活动危及这些生态象征的时候，一种与之相对应的不断增强的集体环境意识更可能发展起来。

（二）生态区域主义的环境友好性

生态区域的环境友好性特征体现在经济、政治与社会三个维度。

首先在经济维度方面，生态区域主义相信如果人类的社会经济活动依据

---

① Berg peter and Dassman, *Reinhabiting California In Home: a Bioregional Reader*. Philadelphia: New Society Publishers, 1990, pp. 35 - 38.

区域生态地理特征构建并发展，那么人类就可以实现在生态平衡基础上的发展，经济发展与生态保护也不再是零和博弈，而是一种新型的良性互动关系①。可以看出生态区域主义并不反对经济发展，而是反对跨越生态承载力的不合情理的非持续性的经济发展②。在生态区域主义者看来，一个健康的经济应建立在最少量商品消耗和对环境最小损害的基础上，并以最小的自然资源使用获得最大的产出收获。生态区域主义尊重生态承载力，酝酿社会公正，创造性使用适应性技术，并且鼓励区域文化之间的交互融合，是一种居住在特定场所之内的居民以新的方式丰富地方生活，恢复生命支持系统，并于其中建立生态和社会可持续发展模式的思路③。在具体的经济发展理念中，生态区域主义尤其推崇自力更生（self-reliance）的发展模式。自力更生的发展模式不同于自给自足的经济模式，其不反对全球化，反对倒退回闭关锁国的状态；要建立一种稳定的商品生产、交换模式，而非一味地依赖于经济持续增长和物品过度消费，而且人们在尽力适应本地区资源所能提供的产品与服务的同时，也不会放弃区域进出口带来的区域经济发展机会。

其次在政治维度方面，生态区域可以解决环境治理存在的碎片化问题。现代社会的多元性要求环境治理实现一定程度的去中心化，但是生态系统的完整性又要求环境决策保持一定的整体性，生态区域主义可以将两方面要求有机地结合在一起，为环境协商民主的生命共同体提供协商基础。例如在生态区域主义者看来，社会是由许多个在小生态系统基础上建立起来的自主型社区构成的，社区在自己的范围内按照所属社区的自然生态特点满足成员的基本需要，因而需要分散化政治权力以及机构的非集中化，具有显著的去中心化与地方性特征。同时，生态区域以生态特征作为区划标准，在生态区域主义观念中，环境不再是一个地缘空间意义上的物理概念，而是上升为一个象征文化结盟和社群结盟的社会概念与政治概念④，从而解决了传统的环境

---

① John Charles Ryan, Humanity's Bioregional Places: Linking Space, Aesthetics, and the Ethics of Habitation Humanities. *Humanities*, Vol. 3, 2012, pp. 25 –41.

② Richard Evanoff, Bioregionalism and Cross – Cultural Dialogue on a Land Ethic, Ethics. *A Journal of Philosophy & Geography*, Vol. 2, 2007, pp. 141 –156.

③ 岳晓鹏：《基于生物区域观的国外生态村发展模式研究》，天津大学博士论文，2011 年。

④ 刘涛：《环境传播：话语、修辞与政治》，北京大学出版社 2011 年版。

治理以行政边界为界限的治理破碎性问题，更好地回应了生态系统功能与服务的完整性。

最后生态区域主义在社会维度方面改善了人与人之间以及人与自然之间的冷漠关系。生态区域主义反对城市与乡村、工业与农业、资源使用者与生产者、自然与社会之间的分离隔阂。在生态区域主义下人与自然从隔离走向了亲近，人类的生态敏感性得到了提升。人类社会与生态环境之间的关系已经从统治与被统治转向人性化的和谐相处的关系。人成了自然领域内的人，而不仅仅是行政区划内的人。

（三）生态区域与环境协商民主

生态区域是由自然特征而非政治范围所定义的地理区域，同时具有由内部居民的共同意识而形成的柔性边界，因而可以定义为不同的规模，既可以是小的河谷也可以是大规模的生物气候地理带，这符合环境协商民主对共同体范畴因地制宜、因时制宜的要求。此外学者吉姆·道奇（Jim Dodge）指出，生态区域主义注重面对面交流和自我管理，强调网络性等特性，与协商民主有着相似之处①。我们认为生态区域主义的多元性、整体性、公民性与共识观与环境协商民主不谋而合。

1. 生态区域主义的多元性。

环境价值是一个价值观念的集合。现实世界中并不存在一个客观的、完全脱离语言修辞而独立存在的生态环境，我们无时无刻不在通过语言建构环境价值的内涵，这就要求一个好的环境协商共同体必须具有多元性特征。生态区域主义的多元性主要体现在主体与价值两个维度。生态区域通过多元化的主体性引申出的多元利益表达机制解决了环境协商过程中外部经济利益与地方可持续性之间的冲突。在生态区域主义话语下，本地居民、环保志愿者和全球化的企业都拥有了提出环境关切的机会。尤其是生态区域更为注重地方与激进环境组织的利益与关切，在一定程度上避免了我们为实现短期和外部利益而进行的过度资源开发。生态区域的"栖居之地"内涵确保了利益相关者作为受影响者能够通过物理性的接近直接参与

---

① Jim Dodge, Living By Life: Some Bioregional Theory and Practice. *Co Evolution Quarterly*, Vol. 32, 1981.

到民主协商与政治行动中，并且让经常性的非正式交流成为现实。例如虽然草原是一个具有明显的生态特征的生态群落，但是其规模过大很难形成共同体意识，因此生态区域的空间规模应当是小于草原，但同时具有共同文化氛围的空间范畴。只有如此我们才能通过公共论坛将居民、环境主义者、牧场主、政治家与发展者集中起来讨论本地生态系统对自己的特殊意义，并发出自己的生态关注。在生态价值方面，生态区域主义虽然属于实用主义范畴，但并非是工具主义，其反对用竞争性效用角度思考自然环境问题，而且由于自身的艺术与精神价值以及个人和社群的归属感，承认并重视自然环境的内在价值，成为环境协商过程中体现生态环境内在价值的基石。

2. 生态区域主义的整体性。

与环境协商目标一致，生态区域主义规划提倡通过综合性与整体性的方法来保持或恢复生态系统的健康，属于整体性生态治理范畴。生态区域主义通过对特定生态区域的认同来培养一种"生态归属感"，形成了由人们栖息并借以谋生的生态系统聚合成的共同体，每一个人都将自己视为生态区域中的一部分，整个生态区域形成特定的文化联盟和生态结盟[1]。不同行政区域的人们具有政治归属感，但并不具有生态归属感。通过生态区域主义观，人们开始关注并了解自己的生态系统，将自己视为该生态系统的一部分，再不会受到行政边界的割裂，使得居住在同一个生态区域的人们尊重并维持自己赖以生存与发展的生态环境家园。人们不再仅仅关注自己行政领域内的环境问题，而是在对经济进行有效控制的基础上协调区域发展，跨文化交流，让各区域之间保持健康的关系，通过各区域之间的良性关系来共同解决不同区域之间所面临的共同性环境问题[2]。

3. 生态区域主义的共识性。

环境协商共同体的维持与健康运作需要建构恰当的共同体认知。在成员之间彼此存在强烈认同的时候，共同体成员才能容忍内部的剧烈争端，而不采取危害共同体利益的行为。也只有在存在具体共识的基础上，各协商主体

① 刘涛：《环境传播：话语、修辞与政治》，北京大学出版社 2011 年版。

② Ronnie D. Lipschutz, Enviromental History, Political economy and Policy：Re – Discovering lost Frontiers in Environmental Research. *Global Environmental Politics*, Vol. 8, 2001, pp. 72 – 91.

才能分享政治程序，扮演相互依存的共同体角色，加入同一个沟通网络，从而实现共同体中角色分工的需求长期存在下去①。生态区域主义可以促进人们形成生态共识。首先生态区域具有独特的生态区域共享文化、经济与历史特征，这些生态特征影响着一个区域的经济发展、历史文化与土地使用范式、环境治理与生态承载力与完整性②。其次生态区域在允许多元化的声音表达的同时也对多元主义进行限制。在生态区域主义中，再次栖居是多元主义的基线，这意味着生态区域主义话语下的环境协商可以摒弃一些非实际的空想，尤其是可以对激进环境伦理与外部利益进行限制。通过这些限制，在生态区域中长久居住的人群之间更容易形成共识。最后生态区域主义本地化的生态意识更容易让协商各方达成必要的环境共识。生态区域内外部具有不同的环境利益与价值理解。强调区域生态特征的生态区域主义可以自动筛除那些偶尔出现或者远离本生态区域人们的利益与关切，避免地方资源因为满足短期外部经济利益所造成的过度使用，从而衍生出真正的内聚力。

第二节　利益相关者分析与协商代表确定

环境决策本质上就是由何人通过何种方式来决定使用环境资源以及环境资源如何使用的问题。由于生态资源的稀缺性和多功能性，一种生态资源会面临不同的利益相关者，而所有的利益相关者都是在自身面临的特定约束条件和激励结构下追求自己效用的最大化，因而如何选择既合法又具有操作性的协商代表十分关键。由于环境协商代表的有限性和利益性要求，随机抽样方式并不适用于环境协商代表的产生，只能依据一定的程序与标准进行选择③。由于环境利益相关者是能够影响或者被环境决策影响

---

① 戴维·伊斯顿：《政治生活的系统分析》，华夏出版社 1998 年版。

② K. Callahan, Why Regional Planning: An Argument for Bioregionalism. *The law and The Landn*, Vol. 4, 1990.

③ Nancy Johnson, Nina Lilja, Jacqueline A. Ashby and James A. Garcia, The practice of participatory research and gender analysisin natural resource management. *Natural Resources Forum*, Vol. 3, 2004, pp. 189–200.

的个人、社群、社会组织甚至子孙后代，因而利益相关者分析则是一种较为恰当的选择方式①。恰当运用利益相关者分析理论，能够帮助我们理解利益相关者在管理与利用生态环境时的目标与利益，找到更具有代表性与可行性的协商代表，从而为协商民主环境决策机制的成功奠定基础。

一、环境领域的利益相关者理论

环境利益相关者分析的目标是在环境协商共同体内找到恰当的环境协商代表。由于生态环境与商业环境的差异性，利益相关者的内涵与分析方式也有自身特点与过程。

利益相关者一词最早出现在 17 世纪的赌场，意指委托下注的第三方。现代意义上的利益相关者概念，即利益相关者是可以对组织目标的实现施加影响，或受组织目标影响的个体或群体则出现在 20 世纪初期②，并于 60 年代在斯坦福国际咨询研究所（SRI）等研究机构的努力下成为一个具有广泛影响的概念。20 世纪 80 年代利益相关者概念在弗里德曼、布莱尔等学者的努力下，发展成为一种分析和解决涉及多种利益主体、相互关系复杂且具有一定不确定性的分析工具，并于 90 年代开始进入环境治理领域，成为分析人类环境行为、制定环境决策的重要工具之一。需要特别指出的是环境领域中的利益相关者的"利益"概念范畴并不局限于经济范畴，还包括了环境范畴。也就是说在协商民主环境决策机制中，利益相关者的范畴不仅是利益相关者，也包括了环境价值关切者。协商民主环境决策机制中的利益相关者分析指的是基于环境决策影响者与被影响者的环境利益诉求、期望、心理及其行为表现而进行的有针对性的分析，其主要内容包括对环境利益相关者利益诉求的正当性分析，对不同环境利益相关者之间的关联网络、社会网络、社会资本的分析，对不同利益相关者之间、利益相关者与项目之间在利益、价值观和心理感受等方面存在的矛盾冲突

---

① Robin Grimble, Trees And Trade – Offs: A Stakeholder Approach To Natural Resource Management. *Gatekeepers Series*, Vol. 52, 2010, pp. 135 – 167.

② 一般情况下认为是学者多德（Dodd）在 1932 年最早明确提出利益相关者的概念，但是近年来也有学者认为这一概念最早出现于 1918 年学者弗莱特的商业著作 "The Solution for Popular Government" 中。

的分析和评估等。与企业管理中的利益相关者分析不同，环境治理领域中的利益相关者分析更是一种赋予边缘者参与并影响决策的方式，其终极目标是实现最大化的包容性，解决的是不同利益相关者之间冲突性的环境利益。

目前利益相关者分析方式可以分为规范性、工具性和描述性三种，三者之中工具性分析较为适合协商民主决策机制[①]，具体的分析过程见图 3-1。相较于规范性与描述性分析，工具性利益相关者分析可以更好地帮助我们确认、解读不同环境利益相关者的环境行为及其背后的原因，从而为协商性环境决策提供一个更为坚实的知识基础。

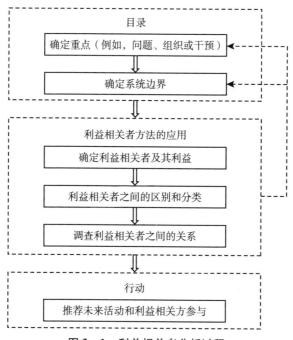

图 3-1 利益相关者分析过程

资料来源：根据相关资料整理所得。

---

① 通常情况下，利益相关者分析隐含了利益合法性的前提。通过规范性过程，利益相关者分析可以改变利益相关者间的关系，增加互信与理解。即使在未能改变各方观念的情况下，也会促进不同利益方增加对对方权益合法性的认可度。

如图 3-1 所示，协商民主环境决策机制中的利益相关者首先需要确定环境问题的范围与焦点。只有在正确认识环境问题焦点的前提下，我们才可能通过重复性的良性反馈过程来确定受影响的人和有影响力的人，也才有可能正确划定环境利益相关者的边界。其次方能正确分析利益相关者的类型，并利用各种分析工具解析不同利益相关者之间的内外部联系性。最后依据分析结论选择合适的利益相关者作为协商民主环境决策机制中环境协商代表。

利益相关者分析的目标在于选择最为合理科学的协商代表，这也是利益相关者分析在协商民主环境决策机制中的存在基础。传统的环境决策仅仅从整体角度考察环境决策的影响，而没有考虑环境决策后果在不同社会成员之间的成本与收益分布。更为重要的是，传统分析方法忽略了即使身处同一处景观，不同的社会群体也会感受到不同的环境问题，也会在环境问题方面寻找不同的解决方案，并对环境决策采取不同的评估标准。因为同一种生态资源提供了生产、调节、文化等多重生态产品与服务，对一种资源的开发与利用必然会影响到不同的利益相关者的利益，而且不同的环境利益需求之间并不兼容，也就是说对某种生态资源进行开发利用会让其丧失另外一种服务功能。比如森林具有生产与生态调节、生物多样性等诸多功能。砍伐森林的数量是伐木公司的利益，森林里的其他产品则是当地居民的生活需求，但是森林提供的气候条件、水源涵养、空气净化则系所有人的利益所在。满足了前两种利益，森林的调节功能就会丧失。因此说发展语境下的环境决策的核心问题是不同利用方式之间的权衡选择。通过环境利益相关者分析，我们可以确认不同利益集团在自然资源使用领域的冲突，理解决策对不同人群的影响以及不同人群对决策制定与执行的影响程度，并可以通过提前介入来寻求共同利益和相互之间妥协的可能性①。

① Grimble, R., Chan, Stakeholder Analysis for Natural Rresource Management in Developing Countries: Some Practical Guidelines for Making Management more Participatory and Effective. *Natural Resources Forum.* Vol. 19, 1995, pp. 113-124.

二、环境利益相关者分析过程

通过利益相关者分析选择环境协商代表是一个逐步递进的过程。第一步是分析生态空间范畴内不同生态服务功能的状态；第二步是分析生态空间的社会经济背景；第三步是寻找并选定利益相关者；第四步是划分环境利益相关者类型；第五步是分析利益相关者网络；第六步是选择恰当的环境协商代表。

（一）分析生态空间状态

生态系统是具有不同层次的耦合系统，具体的生态空间既可以是区域性的，也可以是全国性的，甚至是跨国界的。恰当的生态空间选择是协商民主环境决策机制能够实施的基础。我们认为将生态学中的景观（landscape）作为环境协商的生态空间较为合适。所谓景观是指由相互作用的拼块或生态系统组成，以相似的形式重复出现的一个空间异质性区域，是自然地理区划中起始的或基本的区域单位，也是具有分类含义的自然综合体，例如森林景观、草原景观、湿地景观等。一方面选择景观作为地理空间的原因在于不同的景观下生态系统的功能与机构不同，并因此产生了不同的生态功能，也意味着不同的社会服务产品与服务。另一方面景观本质上就是一个生态系统，不同的景观代表了不同的生态承载力。确定了空间范畴之后，下一步就需要了解整个区域的生态系统的结构与过程、不同生态系统服务的稀缺性等问题。在这里我们将生态功能分为生产功能、调节功能、生境功能和信息功能四个大类①。

（1）生产功能（production functions）：植物通过光合作用将能量、二氧化碳、水与营养素转变成各种各样的碳水化合物，然后碳水化合物又转化成数量更为庞大的生物量。生物量为人类提供了各种各样的资源，从食物、原材料到能量和基因物质。由于这一功能较为容易量化，且具有直接的经济利益，因而可以主要通过市场化方式进行价值评估。

（2）调节功能（regulation functions）：生态系统的这一功能指的是自

---

① Rudolf S. de Groot, A Typology for the Classification Description and Valuation of Ecosystem Functions, Goods and Services. *Ecological Economics*, Vol. 3, 2002, pp. 393 – 408.

然与半自然生态系统通过生物地球化学循环和其他生物圈过程来调节关键性的生态过程与生命支持系统。除了维持生态系统的健康外，其也能为人类社会提供直接与间接的服务，例如清洁的水源、良好的空气和生态控制服务等。调节功能在于维持不同层次的生态系统的健康，并且也是其他生态功能的基础。从理论上来讲，这种调节功能几乎是不受限制的，但在景观层面上则是保证人类生存并发展的基础，并且也是传统的市场性价值评估手段失灵的地方。

（3）生境功能（habitat functions）：自然拥有为野生动植物提供着避难与繁殖空间的功能，因此对保持生态与基因多样性以及健康的生态演化具有重要作用。这一功能的实现在于生态圈内生态位的物理性质。这对于不同的物种而言有着不同的要求，但总体而言是生态系统的承载力和空间需求。这一功能也是容易被经济评估手段有意或无意忽略的功能。

（4）信息功能（information functions）：生态系统提供了一种关键性的参考功能，并通过为人们提供反思、认知发展、娱乐和艺术经历来促进人们的健康。

不同的利益相关者对同一种生态资源的利用有着迥然不同的目标，而同一生态系统提供的生态服务又有着不可兼容性的特征，这就意味着如果利用了生态系统的生产功能可能就会丧失其调节功能或生境功能。工业革命之后，人们的总体生态服务需求已然超过生态供给，也正是因为供不应求才需要我们必须在不同的生态服务需求之间进行权衡取舍，同时也是我们需要制定环境决策的原因。因为生态系统服务的可持续使用水平决定于每一种生态功能的可持续使用水平。例如对于一条河流而言，过于发达的渔业就会以牺牲河流的净化和生物多样性功能为代价，而当一条河流丧失了净化功能之后，相应的渔业生产功能也会丧失。经过较为完备的生态系统服务功能状态分析后，我们应当将其恰当可视化，以便更加清晰地了解当前生态系统的状态，告诉我们哪些生态功能被过度开发，哪些生态功能尚具有较大的发展空间，从而为利益相关者分析奠定生态服务状态基础。

（二）分析社会经济背景

自有人类出现以来，大自然母亲一直在无私奉献。只是在原始文明和农业文明时期人类经济活动的有限性对生态环境的负面影响范围和程度并不大，而同一种生态资源之间的生产性服务与生态型服务的竞争与冲突尚不明显，这在客观上造成了生态资源取之不竭、用之不尽的错误印象。工业革命后人类的经济活动渐渐超过了生态系统的更新能力与承载边界，生态资源开始稀缺，不同生态系统服务之间的紧张关系日益突出，同一种生态资源的竞争性使用方式产生了机会成本，例如砍伐森林就会丧失森林调节气候、涵养水源、美化环境的功能。这一过程明确地告诉我们，正是人类自身的社会经济活动造成了今天的生态危机。更为重要的是不同经济发展水平下的人们对环境危机与风险有着不同的感知，更对生态服务有着迥然不同的利益诉求。环境库兹涅茨曲线表明，当某一区域的经济发展水平提高后，人们会产生更高的环境需求，愿意接受更严格的环境规制，并有能力购买环境友好产品。因此我们在进行利益相关者分析之前，一定要充分理解当前的社会经济状态，不同的经济水平下人们的生态服务需求并不相同，例如在富裕地区，人们对森林的主要功能需求可能是调节功能，而对于贫困山区的人们而言，森林则意味着生产功能带来的生计手段。不同的生态服务需求也就代表了不同的生态系统压力，因而通过社会经济分析，我们可以更加深入地理解未来环境问题背后的经济行为，从而为环境决策提供一个更好的预测基础。

（三）寻找环境利益相关者

由于生态环境行为影响的复杂性与非线性，谁是影响者或被影响者并非不证自明。利益相关者的确定必然是个反复的过程，会随着调查分析的深入而不断变化，同时在分析过程中也需要采取多种标准并经过多个分析过程，以便实现最大化的包容。最大化包含了受到环境决策的影响者、对环境决策具有影响力的人和既是受影响者也是影响者的人，具体情况见图3 – 2[①]。

---

① Chevalier, J. M., Buckles, D. J. *SAS2, a Guide to Collaborative Inquiry and Social Engagement.* Sage Publications, 2008.

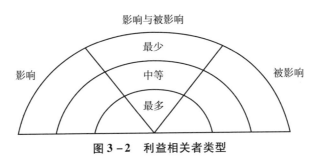

图 3 - 2　利益相关者类型

资料来源：根据相关资料整理所得。

在环境影响者方面确认利益相关者分析的关键词是影响力。我们认为能够对环境决策产生影响的权力分为应得权力、补偿权力和调节权力三个维度。应得权力（condign power）是通过情感、经济、物理威胁和惩罚获得的影响他人行为的权力；补偿权力（compensatory power）是通过精神、经济和物资奖励（工资、贿赂、礼物）获得的影响他人行为的能力；调节权力（conditioning power）是通过信仰、思想（文化规范、教育、广告）获得的影响他人的能力。在被影响者方面的关键词则是人们应当享有的环境权力，主要包括了产权与授权两种类型。产权（property right）是环境决策利益相关者的权益第一基础，而授权（entitlements）也可以赋予受影响者相应的环境权益。当然人们的环境权益并不是绝对的，会随着时间变化而不断更新，因而被影响者的确定不能一劳永逸，而是一个开放的、具体的过程。如果一项环境决策的影响范围较为明确，那么利益相关者的确定也相对简单，然而在环境决策影响范围难以划定或者环境行为因果关系较为复杂的情况下，环境利益相关者的确定则不是一件简单的任务，总会存在某些利益相关者被忽视的风险。通常情况下人们较为喜欢由上至下通过政府及专家的挑选，这种方法简单可行，而且因为政府及其聘任的专家的知识优势所以具有一定的合理性，只是这种方法不可避免地带有政府的主观偏好，为此学者普莱尔（Prell）建议构建一个包括界定访谈、焦点小组和后续访谈的迭代性过程[①]加以矫正。我们认为利益相关

① Prell, C., Hubacek, K., Quinn, C. H., Reed, M. S., Who's in the network? When stakeholders influence data analysis. *Systemic Practice and Action Research*, Vol. 21, 2008, pp. 443 - 458.

的确认需要采取多种标准与过程，具体方式可以采取如下几种途径：（1）声誉法：通过询问知识丰富或者重要的人物来确定哪些人应当包括在分析之中。例如在一个社区进行环境利益相关性分析的时候，可以征询社区中的老者或者管理员来确定具有不同利益的群体。（2）焦点小组法：首先确定环境决策过程中具有中心性和出任关键角色的小组人员，然后再利用焦点小组的讨论与协商确定并划分其他的利益相关者。（3）人口统计方法：这种方法主要是通过普遍性的社会经济特征（性别、年龄、职业和宗教）来划分具有不同社会经济特征的利益群体，通常是其他方法的补充。初选的利益相关者需要经历一个验证过程。具体是通过询问初选的利益相关者哪些人是他们认可的其他主要利益相关者，不同利益相关者之间的联系如何得以实现。这个过程不仅仅是验证初选的可靠性，同时也能知道其利益所在。经过验证后的下一步工作则是简化利益相关者列表。通过运用对利益相关者的合并、剔除、精练等手段确保真正的受影响者进入最后的分析之中，这一过程既保证了利益相关者的准确性，同时也降低了对利益相关者的分析难度。在这一过程中需要实现广泛性与代表性的均衡。既要确保主要的利益相关者包含在分析范畴之内，又要限制代表的数量以确保分析的简化与可行性。当然这种均衡是微妙的，如何取舍往往取决于利益相关者分析的目标与要求。如果利益相关者分析的目标在于增进人们对自然资源管理的理解程度，更加综合性的广泛性的包容性最为重要。如果分析目标在于某个具体问题，那么则应当集中于可能影响决策制定与执行的利益相关者。

（四）利益相关者的分类

科学分析利益相关者间的关系定位是确定最优协商代表的前提条件，因此我们需要把环境利益相关者恰当分类。在这里我们采用米切尔的方法，以权力性（power）、合法性（legitimacy）和紧急性（urgency）为标准将环境利益相关者分为三种类型①，具体如下所示。

---

① Mitchell R K, Agle B R, Wood D J, Toward a theory of stakeholder identification and salience: Defining the principle of who and what really counts. *The Academy of Management Review*, Vol. 4, 1997, pp. 853 – 886.

1. 潜在的环境利益相关者。

这一类型的利益相关者只具有三种标准中的一种，并只与决策者存在着潜在关系，具体包括了如下几种类型：（1）休眠型的环境利益相关者：休眠利益相关者只具有处于休眠状态的环境决策影响力，而具体权利则包括了强制性权利、功利性权利和象征性权利三种类型，但是缺乏合法性和紧急性特征；（2）便宜行事的环境利益相关者：这一类型的利益相关者符合合法性特征，但并没有影响环境决策的权利和紧急性特征；（3）急迫型利益相关者：这一类型的利益相关者的特征是紧急性，但却缺乏影响力，同时也缺乏合法性，有人将其比喻为"管理者耳边嗡嗡叫的蚊子"，令人讨厌但并不危险。

2. 期待的环境利益相关者。

期待的利益相关者具有权利性、合法性与紧急性三种特征中的两种，由于其具有更多的主动性，始终处于一种"期待"状态，因而被称为期待的环境利益相关者，与潜在的利益相关者相比，其相应的参与程度也更高，具体包括如下几种类型：（1）显性利益相关者：这一类型的利益相关者具有权利性与合法性两种特征，对环境决策影响也更为有力。其之所以是显性的，是因为这些类型在具有合法性同时也具有影响决策的意愿和能力，多数显性利益相关者期望并且接受相关管理者的关注。（2）依赖型利益相关者：这一类型的利益相关者缺少权利但却有急切的合法性诉求。因为这些利益相关者需要依赖他人实现自己的利益诉求，所以依赖性是主要特征。由于权利关系并非互惠性的，其利益的诉求是通过其他利益相关者的倡议和监护，或者通过管理者的内部价值调整得以实现。普通群众基本属于依赖型利益相关者。（3）危险型利益相关者：这一类型的利益相关者具有紧急性和权利性特征，但是缺乏合法性。这一类型的利益相关者运用具有暴力倾向的行动来表达自己的利益诉求。准确识别这一类型的利益相关者是确保决策顺利实施的前提。否则决策者就会失去决策时降低风险的机会窗口。

3. 确定的利益相关者。

这一类型的利益相关者具有权利性、合法性和紧急性三个特征，是任何环境决策机制都必须给予足够重视的利益相关者。

需要指出的是，三种类型的利益相关者并不是固定的，而是存在着相互转换的可能性。任何一种期待的利益相关者都可以通过获取另一种特征而成为确定的利益相关者，而潜在的利益相关者也可以通过增加自己的缺失特征而成为期待的利益相关者，需要指明的是各种利益相关者之间存在着相互转化关系。

（五）利益相关者关系分析

确定环境利益相关者类型之后，下一步需要通过使用恰当的工具分析同一利益相关者类型内部与不同类型利益相关者之间的网络关系。分析利益相关者内外部网络能够帮助我们辨识核心利益相关者，从而在网络化的利益者中选取恰当的协商代表。目前主要的分析工具有三种，分别是参与者关联矩阵（actor-linkage matrices）、社会网络分析（social network analysis）和知识图谱（knowledge mapping）。（1）参与者关联矩阵：所谓参与者关联矩阵是将利益相关者置于一个二维网格中，并使用恰当的关键词作为网格节点来展现各利益相关者之间内在关系的分析方法。通过这种分析方式，环境决策者可以了解利益相关者之间的冲突性、互补性与合作性。相对于其他网络分析工具，参与者关联矩阵操作简单，成本低廉，有时候只需要一支笔与一张纸就足够了，也不需要依赖计算机进行数据处理，因而在利益相关者分析中应用得较为广泛。当然这种分析工具也存在着分析结果缺乏完整性和联系强度不足的缺陷。（2）社会网络分析：社会网络分析类似于参与者关联矩阵，同样使用矩阵来表示利益相关者之间的关系，只是其使用数字而不是关键词来表示网格节点。社会网络分析的优势在于不仅表达了利益相关者之间的关系，同时也可以分析出利益相关者联系的强弱程度，因而其分析结果更为精细也更能发现更多的联系性，是目前应用得较为广泛的一种分析工具。（3）知识图谱：知识图谱是从用于组织规划和控制的组织图表发展而来的一种系统分析工具。知识图谱在促进创新、增强竞争力方面具有重要功能。与商业管理的知识图谱不同，环境治理的知识图谱需要应对更多、更为复杂的变化、回应和反馈，因而知识图谱在实践中应用得较少。

选择利益相关者网络分析工具的标准在于合意性。在环境决策影响范围较小、行为因果关系并不复杂的境况下，虽然一些看似简单的分析方法因为缺乏"技术含量"而不十分精确，但在协商民主环境决策机制中却是可以接受的。使用技术含量较高的分析方法通常需要花费较多的时间和资源，这在某些情况下并不是我们所能承受的。相反，如果环境决策影响范围较大，人们的行为因果关系十分复杂，那么就需要采取较为复杂的分析工具，以便取得更为精确的分析结果。

（六）确定环境协商代表

完成利益相关者分类与网络分析后，就进入了通过寻找中心利益相关者定位环境协商代表的阶段，选择中心利益相关者就是选择合适的环境协商代表。首先在选择之前我们需要明确环境决策的主要目标是什么。如果协商民主环境决策机制的主要目标在于提升环境决策的有效性，那么利益相关者选择应当侧重于那些利益受到了影响且掌握一定的资源、权力和社会地位，可以影响到政策执行的人和组织；而如果利益相关者分析的目标在于弥补包容性不足的问题，那么利益代表的选择则要重点关注被忽视的受影响人群。利益相关者选择在公平性和效率之间的平衡取决于不同的要求和目标，而且选择需要随着信息的更新而不断完善。

在同一类型的利益相关者中选择协商代表的标准是中心性。中心性分为程度中心性和中介中心性。前者指的是一个利益相关者与其他利益相关者有联系的数量；后者指的是利益相关者之间联系的密切度。具有高度中心性的利益相关者在同质性社群中发挥重要的桥梁作用，因而具有成为最优协商代表的潜质。同时具有高度中心性的利益相关者可以通过社会网络中的强联系和弱联系将不同的利益相关者甚至不同的利益网络联系在一起，既可以代表本利益群体，也可以考虑其他利益相关者的多元性观点。所谓的强联系属于同一类型的利益相关者网络范畴，具有中心性的利益相关者会花费更多的时间与精力维持自己的网络，意味着其比其他人更加融合于网络之中，也容易得到其他利益相关者的信任。与之相对应的是，弱联系代表了一个利益相关者与其他利益团体之间情感、时间、亲密性和互惠性的程度总和。具有中心性的利益相关者可以在必要的时候通过弱联系将其他的社会利益网络引入本利益网络之中，既丰富了环境协商的信息丰裕度，也提升了达成环境共识的可能性。具体的协商代表选择路径如下三步。

1. 确定利益相关者范畴。

成立焦点小组然后通过滚雪球抽样的方法拓展其他利益相关者。具体方式为：通过访谈先确定一到两个代表类型，然后让已确定的利益代表提名自己心目中的其他利益代表，直到重复提名出现为止[1]。具体的利益相关者利益可以通过直接询问、间接观察和询问他人三种方式加以确认。（1）直接询问：直接询问每一个利益相关者如何利用与管理资源；直接的产品与服务是什么；间接的产品与服务是什么；其利用生态资源的约束性条件有哪些；其管理和使用自然资源的权利是什么，从何而来。（2）间接观察：通过观察利益相关者的行为来获得相关信息。因为其实际行为和真实想法可能与其说给调查者的东西并不相同。（3）询问他人观点：每一个利益相关者都要回答自己对其他人利益的观点，以及其将如何回应别人的利益关切。通过这一步骤，我们可以达成两方面目的：一是跨部门检测，一个利益群体可能会隐瞒自己的违法行为，但却会揭露其他团体的违法行为；二是初步确认在环境决策中的利益相关者之间的共同点、合作基础以及相关者之间的竞争和冲突所在。

2. 定位中心利益相关者。

经过充分讨论后科学划分利益相关者类型，然后利用社会网络分析（SNA）等工具划分利益群体中哪个（些）相较于其他人更具有联系性，哪些利益相关者具有更好的程度中心性和中介中心性，从而找出最优协商代表，具体的分析工具见表 3 - 1[2]。

———————

[1]　Christina Prell, Klaus Hubacek, Mark Reed, Stakeholder Analysis and Social Network Analysis in Natural Resource Management. *Society & Natural Resources*, Vol. 22, 2009, pp. 501 - 518.

[2]　Mark S. Reed, Anil Graves, Norman Dandy, Helena Posthumus, Klaus Hubacek, Joe Morris, Christina Prell, Claire H. Quinn, Lindsay C. Stringer. Who's in and why? A typology of stakeholder analysis methods for natural resource management. *Journal of Environmental Management*, Vol. 90, 2009, P. 178.

表 3 - 1   利益相关者网络分析工具

分析工具	内涵	优势	劣势
焦点小组	经过训练的主持人以无结构、自然的形式与相关方讨论，获得有关问题的深入了解	时间短，成本低，易于达成共识	对主持人要求较高
半结构访谈	按照粗线条式访谈提纲进行的非正式的访谈	有助于深入分析利益相关者间的联系	时间长，成本高，难于达成共识
滚雪球抽样	指先随机选择样本，再请其提供其他符合研究目标的调查对象	无数据保护障碍，访谈具有保证	易受到首次访谈人社会关系的影响
利益—影响矩阵	依据利益相关者的相对利益和影响建构的矩阵	可优先次序；关系与影响的显性化	某些利益相关者的边缘化
利益相关者导向的利益相关者分类	利益相关者自行分类	正确的利益相关者分类	不同的利益相关者可能被放在同一类别中，使分类失去意义
Q方法论	对利益相关者的社会话语认可度进行分类	确认围绕问题的社会话语，成本较低	话语的不完整性
参与者关联矩阵	利益相关者之间的双维度列表分类	相对容易，成本较低	不适用于复杂关系下的分析
社会网络分析	通过结构化的访谈确定利益相关者之间的关系	了解利益相关者的界限，分清中心与边缘者	时间较长，容易引起调查者反感
知识图谱	利用SNA，一起通过结构化的调查确认互动关系与知识	易于确定容易合作的利益相关者并且保持权利平衡	知识的差异性不利于合适的聚集分类
激进互动	通过滚雪球抽样确定边缘利益相关者	能够确认被忽视的利益相关者，有助于决策执行	耗时且昂贵

3. 补充边缘性利益相关者。

无论如何拓展包容性，利益相关者分析也会存在着忽视某些利益的风险，尤其是有些环境利益相关者会由于主观与客观的原因始终无法成为中心参与者。因而在确定协商代表的过程中需要一个拾遗补缺的过程，这是确保环境协商代表具有合法性，尤其是确保少数派环境利益的必要步骤。具体则可以通过专家咨询、案例比较等方法进行。

虽然环境利益相关者分析可以解决传统分析方法在公平性方面的缺

陷，弥补传统环境决策包容性的不足，并且为协商民主环境决策机制挑选出合适的环境协商代表，但也有局限性并面临一定的挑战。首先是科学合理的利益分类：理论上人们可以归属于不同的利益群体，但在实际中人们的社会角色并不是固定且明显的，存在着重叠事实。比如富裕的农场主和贫困的农场主职业都是农业，但是在收入水平上却又迥然不同。其次是利益分析的局限性：利益相关者的分析基础在于不同人群的利益不同，但是在某些情况下利益并非是人们环境行为的决定性标准。在有些情况下，群体认同度、组织机构和凝聚力更加具有决定性，更能决定人们的环境认知和行为。

第三节　协商民主环境决策机制的在场主体

生态系统的复杂性与提供服务的多元性决定了人们在环境协商过程中具有不同的风险认知和利益诉求。协商民主环境决策机制正当性的衡量标准就是协商者的包容性。协商民主认为只有人们普遍参与讨论和争论才能发现那些基于个人或集团利益的带有偏见性的政策①。因而协商民主环境决策中的协商主体的内涵为在环境决策协商过程中具有独特利益与价值的主体。由于环境协商的目标在于发现公共环境观点，而不是简单地揭开人们表面的选择，因此多少人成为代表并不是问题的核心，核心是人们如何被真正代表。与一般政治领域的公共协商不同，环境领域的公共协商主体除了政府、企业和公民等当代协商主体外，还应该包含无法实现自身物理存在而成为在场主体的子孙后代和生态环境本身。从利益和功能角度出发可将协商民主环境决策机制中的在场协商主体分为政府、企业、环境非政府组织（ENGO）、普通民众和环境专家几种类型，下面将详细论证各种在场协商主体在环境协商过程中的角色。

---

① 格雷厄姆·斯密斯：《公民陪审团与协商民主》，中央编译出版社2006年版，第188页。

一、在场协商主体之政府

近年来，政府的环境治理角色日益受到质疑。人们认为政府总是以追求财政收入最大化为第一要务，每一个层级的政府都会为自己的生存和发展而持续争夺稀缺性的生态资源，因而政府在环境决策方面总都是自私的、令人恐惧的。然而环境物品的公共性决定了政府在环境治理中扮演着重要角色，政府作为公共环境资源的主要产权所有者和管理者，成为环境协商主体既有合法性也有必要性，同时也有责任和义务采取各种合适的手段矫正各种破坏生态环境的行为。

（一）传统环境治理中的政府

在由行政理性或经济理性主导的行政管制与市场机制下，政府具有不同的地位，从而也发挥着不同的环境治理功能。在行政管制范式下，政府发挥着核心与关键性作用。在这种环境决策机制中，人们假设政府掌握了充分的环境信息、政府工作人员大公无私等条件，政府通过命令—控制等环境规制工具进行环境治理，具体内容包括了根据相关的法律、法规对生产者的生产工艺或原料进行管制，禁止或限制某些污染物的排放并把生产活动限制在一定的时空范围内，制定、修改、审批生态环境标准并监督相关标准的执行情况，在个人或企业违反环境标准时给予相应的依法依规追究相应责任的权利，在评价污染总量的基础上授予公司和个人排污权，针对规划和建设项目实施后可能带来的环境影响进行分析、预测和评估，等等。

市场决策机制同样离不开政府。无论是创建市场还是增加税收都离不开政府参与。在市场机制下，政府发挥着监督与规范环境产品与服务市场的功能，尤其需要在确定资源消耗（资源池）与排污总量（排污池）两个方面发挥核心作用。通常情况下政府在市场化决策中的作用可分为三个层次：一是建立环境商品的法律体系，为环境市场的发展创造了有利的法律环境；二是制定灵活有效的政府支持政策；三是建立公平严格的监管机制。当然由于国家和地区的历史和现实存在差异，政府在市场机制中的角色和功能并不完全相同。例如在碳金融市场的发展过程中，英国、法国、西班牙、意大利、荷兰等国家通常是政府出资设立政府型碳基金，而美国、日本等国家则是鼓励本国企业、银行、投资公司等建立非政府型碳基金参与碳金融市场。

（二）环境协商中的政府

1. 政府作为协商主体的必要性。

政府作为环境协商主体的必要性来源于经济发展与环境保护的新关系，政府是最大的自然资源产权人、最好的公民环境代理人与环境治理的整体性要求几个方面。首先，传统观念认为经济发展与环境保护必然是零和博弈关系，而政府有着天生的牺牲环境发展经济的冲动，然而新的经济发展理论已然证明，只要方式正确，环境保护与经济发展可以形成正和博弈关系。换言之绿色发展作为一种社会与经济变革，我们也很难想象其能够在离开政府的情况下成功实施。其次，无论是西方社会还是东方社会，国家都是最大的环境资源产权人，而国家环境产权的实际执行者必然是各级政府，有产权自然就享有成为环境协商主体的资格，离开了政府的环境协商必然导致自然产权七巧板的缺失。再其次弱小且分散化的环境产权人经常没有资源与能力行使自己的环境产权，而政府由于具有更好的时间、资金与人力优势，更容易得到各方的信任，可以成为小而散的环境利益相关者的最优代理人。最后由于政府尤其是中央政府掌握的生态资源范围广大，掌握的环境信息更为充分，因而也更有可能从整体上考虑环境治理问题，避免环境协商中的局部性约束，更可能成为一个合适的公共生态托管者。正如罗宾·艾克斯利所指出的，无论喜欢与否，那些关心生态破坏的人士都必须与现存的制度作斗争，并不得不采取一种"有序推进"的战略，而且如果国家真的与生态破坏密不可分，那么探讨它们的转变或改良潜能以便使之成为更加符合生态可持续性的制度就显得尤为迫切。当然政府在环境协商中的角色不再是被动的、补救性的或惩罚性的，而应转变为主动的、前瞻性的与预防性的角色[①]。如上所述，我们认为进入环境协商过程中的政府应当是生态型政府。所谓生态型政府是指能够将实现人与自

---

① 罗宾·埃克斯利：《绿色国家：重思民主与主权》，山东大学出版社 2012 年版。

然的自然性和谐作为其基本目标,将遵循自然生态规律和促进自然生态系统平衡作为其基本职能,并能够将这种目标与职能渗透与贯彻到政府制度、行为与文化等诸方面之中去的政府[①]。在经济发展占据政府核心功能的背景下,极易发生所谓的政治锦标赛背景下的地方政府与企业之间的"合谋"行为。因而当政府进入环境协商之中后应当成立秉承绿色、可持续发展理念的生态型政府,相应的政府环境管理机构也应当抛弃部门利益而重点关注公共环境利益。

2. 政府在环境协商中的角色。

由于政府任期的暂时性与环境影响的长久性之间存在着不可避免的冲突与矛盾,政府在环境协商中不可避免地存在着追求自身利益、自我膨胀的倾向,而这会导致政府在环境协商中角色的扭曲,因而需要在环境协商中将一些政府不应承担、无力承担的功能剥离出来,明确政府的角色。我们认为在协商民主环境决策机制中,政府的主要功能是构建由环境协商各方组成的共同享受环境权利、承担环境风险、履行环境责任的协商共同体,而具体的内容则体现在协商前、协商中和协商后这一整个协商过程之中。

环境协商前政府的主要功能是创建绿色公共领域、打造公共协商平台,具体角色为信息供给者与资金提供方。首先由于环境损害信息的复杂性以及人类环境行为与后果的非线性,社会经济行为与环境损害之间的因果关系很难被证明,普通的受污染者由于在环境信息链中处于弱势地位,想要获得相互的污染信息往往需要付出较高的成本,因而其既没有能力也没有时间去收集相关信息,也就无法预测相关环境决策引致的后果,于是忍气吞声成为最为理性的选择。其次污染者对自己的污染状况、污染物的危害通常会比受污染者了解得更为清楚,但是在环境信息公开不利于实现自身利益最大化的背景下,理性的污染者就倾向于封锁信息,以便继续其污染恶行,而为了解决这种信息不对称行为,政府作为环境损害信息提供者的角色不可或缺。实践表明普通民众对政府和相关机构所提供的信息较为依赖,而对非政府组织和个人所提供的信息依赖程度较低。最后政府也

[①] 黄爱宝:《生态型政府构建与生态公民养成的互动方式》,载《南京社会科学》2007年第5期。

应当是协商民主环境决策机制的资金提供者。罗尔斯曾经指出安排与资助公共物品的责任理所当然地在于政府。协商民主环境决策机制作为一种环境治理创议，当然属于公共领域。而且环境协商需要的决策时间较长，资金成本也较高。比如目前世界范围内较为成功的"加州水论坛"就花费了数百万美元，如此巨额的资金需求可能只有政府才能实现，而其他个人或社会组织并无能力提供如此大额的资金支持。

环境协商过程中的政府的主要角色在于制衡企业协商主体。由于企业组织具有信息与资源优势，如果环境协商过程中没有政府存在，那么容易造成企业在公共协商过程中一家独大的局面。任何企业的目标都是力争经济利润的最大化，这种要求与环境保护存在着天然的紧张关系，这一情况当然不利于通过公共协商形成具有良好环境内容的环境决策，而政府的存在则可以在一定程度与范围内承担起规范、监督企业协商主体，避免其操纵协商过程的作用，防止环境协商沦为企业环境危险行为的遮羞布。

政府在环境协商后发挥着确保环境协商可持续性的功能。只有政府对协商民众环境决策机制的结果做出有效回应，才会实现环境协商决策结果的可信任性，各协商主体才会觉得环境协商是有意义且值得付出金钱和时间的。相反如果政府在协商后对协商达成的环境决策反应迟钝，甚至没有反应，那么协商各方就会失去继续协商的动力，协商民主环境决策机制也必然是失败的。

二、在场协商主体之公民

（一）公民协商主体的必要性

当代生态危机的根源在于人类自身非理性的生产生活方式，因此社会中的每个人都有保护环境的责任。公民在协商民主环境决策机制中代表了公众话语，是环境协商过程中不可或缺的协商主体，也是实现协商民主环境决策机制合法性的重要一环。安德鲁·多布森（Andrew Dobson）就曾经明确指出离开了公民参与，我们的社会将无法从政治上解决生态问题。[①] 公民的环

---

① 安德鲁·多布森：《绿色政治思想》，山东大学出版社 2012 年版。

境权利是公民参与环境协商的基础，只是在协商民主环境决策机制中，公民的环境权是可持续公民权而不是环境公民权。可持续公民权是一种具有多重功效的绿色公民权模式，涵盖范围涉及经济、社会、政治和文化领域①。在可持续公民权话语下，人们不再是被动的政策接受者，而是积极的参与者。

普通公民作为合格的协商主体会受到多种因素约束。理论上环境协商应当在"无知之幕"中发生，即在环境协商过程中所有人都是平等的、自治的并且具有社会合作能力的，没有关于其社会位置、利益甚至其自身时代的概念。但是环境政治实践中并不存在这种理想状态。一方面不同社会地位会产生不同的人类情感、感知和观念，人们在环境协商过程中做出何种选择与自身的社会地位息息相关。毕竟居住在城市郊区垃圾场中与市区高档小区中的家庭对环境问题有着迥然不同的认知。另一方面人们之中总是对与自己日常生活密切相关的私益性生态环境关心者相对居多，而对远离自己日常生活的公益性生态环境关心者相对较少，人们是否参与生态环境保护与决策过程更多考虑自身的健康和安全，而不是从承担社会责任角度考虑是否减少资源浪费和环境污染。因此说合格的公民环境协商主体并非没有前提条件，其需要民众从消费者转换为公民。与普通的环境消费者不同，公民有着促进共同利益提高的责任，公民在思考公共事务时不是从个体或特定的团体利益出发，而是从共同体的共同利益出发，并且对共同体的共同利益具有清晰的认知与健全的判断力，并且当公民的自身利益与共同利益相冲突时，公民考虑的是共同利益，而非个体利益。

（二）生态公民的内涵与权利

与一般的公民不同，协商民主环境决策中的公民属于生态公民。所谓生态公民是指具有生态文明意识并积极参与生态文明建设的公民。生态公民对动物、植物、山脉和生物群落负有保护义务，需要审慎对待将要进行的有可能对生态系统造成不利影响的任何事项，属于义务政治范畴。生态公民的可持续公民权可分为实质性与程序性两类，实质性可持续公民权包

---

① 约翰·巴里：《抗拒的效力：从环境公民权到可持续公民权》，载《文史哲》2007 年第 1 期。

括每个人都有权获得能够满足其基本需要的环境善物，每个人都有权不遭受危害其生存和基本健康的环境恶物的伤害；程序性权利包括了解环境状况的环境知情权和参与环境决策的环境参与权。目前学者们将生态公民分为共和主义生态公民、自由主义生态公民和世界主义生态公民，而对于协商民主环境决策机制而言，共和主义视角下的生态公民更具有适用性。因其强调对未来后代的义务，强调人类对生态环境的责任，认为人与自然构成的生态共同体是人类物质与精神财富的根源，承认生态共同体的归属之感。在环境协商中，共和主义生态公民将生态问题当作自己分内的事情，将维护和促进环境公益视作自身利益繁荣的一部分，积极参与到具有政治意义的维护自己生态权利义务的生态政治活动之中，承担起环境保护的责任，进而促进政治、法律制度与行政决策的生态化与绿色化。

当然生态公民并不是天生的而是后天形成的，并且与一般的公民存在着差异。首先生态公民具有更多的环境道德色彩，其道德关怀范畴从人类实体拓展到后代与非人类实体的动植物，即人类与动植物构成的伦理共同体。其次生态公民具有更为开放的心态，时刻准备在新信息、新知识发展的情况下改变自己认知与偏好的心态的理性。这一点对于环境协商十分重要。因为当公民在环境协商过程中遇到价值、信仰与其他人发生冲突的时候，生态公民所具有的开放心态能够在面对他人提供的信息、价值诉求时反思自己的观点，愿意修正其公共利益观念，对他人的观点理由给出正面回应，并且公开承诺按照这种修正的公共利益观念行事[1]。最后生态公民具有更好的反思性。公民具有反思性才能够跨越个人利益，认识到对个人有益的行为并不一定必然有利于社会利益，也可以让人们冷静下来思考是为了什么样的目的而消费，哪些因素构成了我们的消费欲望，什么是必需的，什么是奢侈的。总之生态公民通过反思可以冷静下来重新思考自己环境偏好的正当性，反思建立在此基础上的决策，这是交流理性的必然要求。

---

[1] 亨利·S. 理查德森：《民主的目的》，引自《协商民主：论理性与政治》，中央编译出版社 2006 年版。

（三）发展生态公民协商能力

由于公民在协商资源方面处于劣势，因而通过一定的途径提升公民的环境协商能力是其参与有效协商的必要条件。具体可以从以下几方面入手：首先是生态公民可持续公民权的法制化、具体化。只有将可持续公民权从应有权利转为法定权利与实有权利，科学界定、合理分配公民的环境权利与环境义务，才能为公民在环境协商中正当行使权利提供有力的法律保障。其次是解决公民所面临的协商不平等问题，这具体包括了协商资源平等与协商能力平等两个维度。在资源平等性方面，需要参与者在权利与资源的分配上不会影响他们在协商过程任何阶段的机会，也不会在其协商中发挥权威性作用，即在协商过程中不存在隐性和显性的承诺与威胁。协商者应该具有最低程度的"有效自由"从而实现有效参与。要实现这一目标需要公民具有一定的经济收入水平，因为只有经济自由，生态公民才不会因为贫穷而无法影响协商结果，或者在协商中被排斥，而解决的途径则是政府的支持。科恩与罗杰斯建议政府通过财政资金建立协商公民的培育机制，为贫穷或者物资贫乏的公民培养协商能力。[①] 其次生态公民至少需要具有一些基本的协商能力才能实现有效协商，协商能力具体包括了明确表达真实偏好的能力、文化资源的有效利用能力、基本的认知能力与技能[②]，或者如同罗尔斯提出的，"公民至少在最低限度上，拥有使他们能与社会其他成员为完善的生活而充分合作的道德、知识以及身体能力"。[③] 我们认为在一定程度上公民可通过集团化的协商解决其协商能力不足的问题。由于环境污染和破坏有很强的技术性，涉及很多的专业知识，公民仅凭借个人的知识、经验与技术条件，很难对决策造成的生态危机产生足够的认识。从环境实践来看，公民的集体化协商是一种路径选择，公民可以通过多种模式的社团使得所有受到政治决策影响的人能够有权利，并有机会表达自己的立场，就如学者杰姆·梅多克罗夫特

① Forester J. , The deliberative Practitioner: Encouraging Participatory Planning Processes. Cambridge MA: MIT Press, 1999.

② Walter F. Baber and Robert V. Barelett, Deliberative Environmental Politics. MT: The MIT Press, 2005.

③ 约翰·罗尔斯：《正义论》，中国社会科学出版社 1988 年版。

（James Meadowcroft，2004）所相信的因为公民化协商过程。公民的协商能力无法应对技术要求高的问题。因此，集团化协商过程更加可行且富有生产力。

三、在场协商主体之企业

协商民主环境决策机制是一种绿色发展话语下的环境决策机制，其并不反对经济发展，而企业作为经济发展的主要动力如果不能参加环境协商，那么相应的协商决策机制也会失去价值。离开了企业的参与，环境协商的包容性也失去了意义，因此企业作为生态系统服务的重要需求者有必要成为环境协商主体，在环境协商中提出自己的环境利益诉求。只是当企业作为环境协商主体提出要求时有着诸多的约束条件，尤其是其诉求应当具有环境责任性与社区意识。无论是哪一种产权形式，企业行为的目标都是利润最大化，其对生态系统的要求比其他生态功能具有更强的外部性生产功能，而且无论企业采取多么先进的生产技术，其生产都会对生态系统造成负面影响，企业追求利润最大化的天性也使得企业具有将环境成本外部化以降低生产成本的冲动。因而在环境协商民主中的所有的协商主体中，企业的环境利益诉求最不令人信服。而若想增加企业在环境协商中的可信度，则企业在环境协商中必须具有环境责任与社区意识。

（一）企业协商主体的环境责任

企业行为的环境责任性是企业参与环境协商并赢得人们信任的基础性条件之一。企业在作为协商主体的时候已不再是单纯的经济组织，而是由出资人、职工、债权人、社区、政府等具有某种利益关联性的主体构成的契约式社会组织体。其经营目标也不应仅限于追逐股东或出资人的利益最大化，还应兼顾环境保护、社会公平等价值。因此企业所提出的环境利益诉求不能只是如何利用环境资源降低生产成本，而应当包含相当的环境责任，即要求企业在生态系统的包容性和承受度上追求自身利润。这也是生态文化建设背景下企业能够长久发展的必要条件。在今天生态服务日益稀缺的背景下，企业生存发展离不开其他利益相关者的支撑和协作，更离不开生态、环境系统的保障。传统的忽视环境外部性的企业经营模式已然无法继续，只有采取资源节约型和环境友好型的绿色生产方式才是使得企业长久发展的正确方式。作为生态利益相关者中的一分子，企业生产经营必须以绿色发展为主导，在对生态、环境、资源、人类负责任的基础上从事自己的市场活动。当然企业的环境责任是具体的、因地制宜的。企业囿于企业性质、经济规模、经营范围上的不同，不同类型的企业承担的环境责任的范畴与重心并不一致，因而我们在环境协商中评价企业在协商中的利益诉求时，应当充分考虑到不同类型的企业在环境责任承担上的差异性与各自的特殊性，尤其不能一刀切。我们认为增加企业作为协商主体的可信度可以通过企业实施绿色发展战略、增强生产信息公开型、构建企业社区意识等方式实现。（1）绿色发展战略：企业自身的"绿化"是企业获得协商可信度的重要途径之一。在生态文明建设的话语下，原先的"边污染，边治理"的环境策略已然不再可行。企业只有转变发展思路，树立绿色发展理念，承担绿色责任，将绿色发展战略融入企业发展战略之中，才可能有利于企业提高国际竞争力，实现可持续发展，同时也增加企业在环境协商中的可信度。在缺乏相关激励和约束的情况下，企业本身没有实施环境保护的动力，因为如果污染治理不能给私人部门带来利润，企业会将污染治理看成额外的成本负担，相应的解决方案是构建绿色激励与约束体系，如通过财政、金融、税收等经济杠杆，来有效引导企业的绿色责任行为。（2）环境信息公开：企业环境利益诉求的不可信在很大程度上源于企业的环境信息黑箱。由于企业生产的保密性，其他的协商主体很难了解企业的生产过程，对企业生产造成的环境损害效果也是不甚了解。在这种情况下，企业协商主体的环境利益诉求自然难以获取其他利益相关者的信任，而解决的途径就在于公开企业的环境信息，建立环境责任审计制度。依据不同行业特征制定相应的行业报告规范，明确企业环境责任报告的形式、内容、标准，定期进行环境责任审计，并定期披露责任审计结果。

（二）企业协商主体的社区意识

在协商民主环境决策机制中，企业的生产活动更容易影响本地区的小生态系统，而环境协商由于协商成本的约束也让协商范围具有了区域性生态系统特征。出于以上两种因素，企业在作为协商主体参加环境协商时需要具有社区主体意识。企业的社区主体意识能够让企业产生强烈的对本生态社区的认同感和归属感，从而在协商中提出更具有生态责任感的利益诉求。作为协商主体的企业尤其要避免引发社区的邻避运动。所谓邻避运动是对西方社会出现的"不要建在我家后院"（NIMBY）现象的意译，具体指的是社区居民因担心企业建设项目对自身健康、生活环境、社区舒适度带来威胁和负面影响而产生的高度情绪化的群体性反对和抵制行为。学者鲍恩（Bowen）指出形成企业社区认同感的方式就在于增强企业的社区参与度，并在社区参与连续体的概念上将企业的社区参与分成了交易性参与、桥梁性参与和转型性参与三种方式①。我们认为在协商民主环境决策机制中企业更应当采取转型性参与方式参加社区的生态环境的建设与维护，即指企业通过与社区进行对话的方式开展的公众征询、会议交流、与企业事业关联的项目合作等社区参与策略参加建设和维护，通过这种主体间的社区参与战略，易于使企业获得当地社区的认可并带来积极的社会影响。

长期以来"关门办企业"的现象阻隔了同一生态区域内的居民了解企业真相的机会，企业的神秘化造成了社区与企业的信息不对称问题，也影响了人们对社区内企业的理性认知。因此如果想让企业在环境协商中得到同一生态区域内其他利益相关者的尊重，企业就需要改变现有的信息不对称现象。因而企业的开放性十分重要。企业应该定期邀请同一生态区域内的其他利益相关者走进企业，让公众通过参观、座谈等方式直观感受企业在推进绿色低碳发展、保护生态环境等方面所做的努力和工作的成效，以便消除其他协商主体的疑虑。

四、在场协商主体之环境非政府组织

（一）环境非政府组织的内涵与类型

在协商民主环境决策机制中，环境非政府组织的功能是以环境治理共识为主，推动完善国家环境治理结构和功能为辅。所谓环境非政府组织

---

① Bowen Newenham，When suits meet roots：The Antecedents and Consequence of Community Engagement Srategy. *Journal of Business Ethics*，Vol. 2，2010，pp. 297 – 318.

（ENGO）是以环境保护为宗旨，不以营利为目的，不具有行政权力，并为社会提供环境公益性服务的民间组织①。我国的环境非政府组织是在小政府—大社会的社会转型过程中逐步发展起来的，其在一定程度上可以提供盈利性部门因无利可图而不愿提供、政府又因为财政约束而不能提供的生态公共产品服务，具有草根性、亲和性特征。环境非政府组织可以扩大在环境决策博弈中处于劣势的普通民众的力量，同时其自身的环境保护属性也让其可以克服其他环境决策主体在生态危机中的短视性。总之与其他社会组织相比，环境非政府组织具有一定的优势与特征，可以在环境协商中作为生态环境与子孙后代的在场协商主体。戴蒙德（Diamond，1999）从参与程度角度将非政府组织参与治理的行为由低到高划分成六类，分别是：（1）表达兴趣、关注和想法；（2）交换信息；（3）实现共识性目标；（4）向国家提出诉求；（5）推动完善国家结构和功能；（6）向国家官员问责。分析上述几种非政府组织的功能，我们认为协商民主环境决策机制中的环境非政府组织应当集中在实现共识目标功能方面，作为协商过程中的子孙后代和自然环境的有效代表和桥梁者促成各方达成环境共识。

（二）环境非政府组织的角色

环境非政府组织想要在环境协商中发挥积极作用需要一定的基础要求。一是其不能在"志愿失灵"的状态下进入环境协商过程；二是要防止非政府组织在协商过程中坚持带有极端的、激进的环境思想。志愿失灵概念由美国约翰·霍普金斯大学公民社会研究中心主任莱斯特·M. 萨拉蒙（Lester M. Salamon）教授提出，萨拉蒙教授在对全球非政府组织的规模、结构、筹资和作用的研究基础上，发现非政府组织同样也存在着失灵问题，具体表现在慈善不足、慈善特殊主义、家长式慈善与慈善的业余性几个方面。首先环境非政府组织的资金和物资主要来源于民间捐赠，这严重依赖于其所在地区的经济发展状态和社会捐赠意识，而寻求政府财政支持或者通过营利性活动来获取资源，又会威胁到环境非政府组织的独立性和公信力。在资源不足的情况下，环境非政府组织很容易就会出现萨拉蒙

---

① 中华环保联合会：《中国环保民间组织发展状况报告》，载《环境保护》2006 年第 10 期。

提出的虽然具有降低交易成本、塑造社会责任感和合法性这样一些优势，但不能够产生可靠的资源来对社区需求做出充足回应的问题。这一方面的支援失灵在协商民主环境决策中则表现为缺乏在环境协商中代表后代人和自然发言的能力。其次萨拉蒙发现志愿组织的活动容易集中于人口中具有民族的、宗教的、邻里的、利益的或其他的特征的特殊亚群体。这种选择性的活动特征体现在环境非政府组织方面就是其对不同生物的不同态度。比如人们对熊猫的关注会远远高于蚯蚓。这种慈善的特殊主义（particularism）会让环境非政府组织在环境协商中忽视生态环境的完整性，形成只代表特定环境利益的潜在风险。再其次所谓家长式慈善是当环境志愿组织机构对环境问题做出回应时，由于专业化知识与资源分配的问题，会将具体决定交给本组织中掌握着知识和资金的人手中，而这些人就能决定组织应该做什么、为谁服务。这容易让组织负责人自以为是，以自己的环境偏好与利益为行动准则，而如果环境非政府组织被俘房，那么则会将政府或者企业的环境偏好作为组织偏好。这在环境协商中就会造成环境非政府组织的代表性不足的问题，导致协商民主环境决策机制失去正当性。最后慈善的业余性（amateurism）指的是环境志愿机构用业余的方法来解决环境问题的现象。环境问题尤其是人们行为与环境后果之间的因果关系相当复杂，又需要较长的时间才能显现。因而非政府环境组织可能带着错误的信息进入协商过程之中，这一问题伴随着自身的环保光环，很有可能好心办坏事，造成环境协商结果缺乏合理性。

为了解决志愿失灵的问题，萨拉蒙主张在政府与非政府组织之间建立一种伙伴关系，非政府组织的弱点正好是政府的长处，反之亦然。因而二者之间的合作也可以解决公民对公共生态服务的社会需求与对政府相关机构之间的敌意等问题。例如政府可以在不干涉环境非政府组织具体业务的前提下，为其提供一定的财政支持与税收优惠，监督环境非政府组织根据民主程序决定协商提议等。

除了避免志愿失灵之外，环境非政府组织也要避免极端的、激进的，甚至是原教旨主义的生态思维方式。环境协商的目标在于解决环境与经济的失衡关系，而不是退回到原始文明或农业文明时代。环境非政府组织应当主张生态危机源于人类中心主义，而非人类沙文主义，其存在的目标是唤醒人类的生态意识，并对人类中心主义进行质疑、批判与解构，而不能是强调自然主义、民族主义、反现代性的农耕浪漫主义（agrarian romanticism）①。作为后代人和环境的协商代表，环境非政府组织在协商中应当秉承深层生态学理论，相信生物圈中的一切存在物都具有内在价值，然而在具体的协商实践中也不能坚持德韦尔和塞申斯的将内在价值平均分配给每一个体、生活和发展的平等权利在直觉上是清晰和明显的价值标准的观点②，因为在协商实践中价值冲突不可避免，必然存在着某种形式的杀戮、剥削和压迫。环境协商中的非政府环境组织的正义并不要求绝对平等，而是人与自然的共同命运，即人与自然的生命共同体。在协商民主环境决策中，协商的目标是环境共识，或者是保持继续合作的愿望，其成功需要各方的妥协与合作，而如果环境非政府组织在协商中不考虑其他协商主体的利益与诉求，协商就会变成无意义的争吵。我们很难想象曾经手挽着手组成一道人墙，抗议伐木车队进入林区，或将自己埋在土中抗拒公路施工的地球解放战线和土地第一③等强调通过暴力手段实现环保目的的环境保护组织坐在协商桌前的场景。

在协商民主环境决策机制中的环境非政府组织应当具有规模和能力上的要求。为了解决环境非政府组织的资源不足，较为理想的参与环境协商者为全国性乃至国际性的环境非政府组织在环境协商发生地的分支机构，因为其全国性特征可以降低其被地方政府和企业的俘虏概率。此外，环境协商民主中的环境非政府组织并不是固定的、一成不变的，而是开放的、一事一议的。

五、在场协商主体之专家学者

任何环境决策的基础都是基于人们的社会经济行为与生态环境之间因

① 张旭春：《生态法西斯主义：生态批评的尴尬》，载《外国文学研究》2007年第2期。
② Bill Devall and George Sessions. , *Deep Ecology: Living as if Nature Mattered*. Salt Lake City: Peregrine Smith Books, 1985, pp. 88 – 89 + 100.
③ 地球解放战线（ELF）于1992年在英国布赖顿建立，如今已发展成全球性的运动，主张通过经济破坏活动和游击战来阻止环境破坏；土地第一（Earth First）由美国人大卫·福曼创立，主张采取包括暴力手段在内的一切手段来保护周边环境。

果关系的理解。由于这种因果关系有着长期性与复杂性的特征，普通民众既没有能力也没有资源掌握对这种因果关系的分析能力。相对于普通民众，只有专家学者可以掌握更多的知识，从而在人类行为与环境影响之间因果关系的解读方面具有优势。专家也是人，存在着自己的利益诉求和认知局限。为避免环境协商成为专家之间的知识竞赛，专家在环境协商民主中的角色并不与其他协商主体相同，其更是一种"超然"于环境利益之外的成员。专家不能在环境协商过程中提出自己的利益诉求，只能作为环境信息的提供者与解读者。

（一）环境知识的非中性

多年的环境治理实践已经证明，专家及其解读的环境知识并不必然是中性的，而且这一现象在遭遇到竞争性环境利益冲突时表现得更为明显。一直以来生态科学都存在着假说性，这一结果的原因一方面来自科学本身的假说性质，另一方面也来自生态环境的复杂性。例如在生态环境是否存在极限方面就存在着极限主义和普罗米修斯主义的争论。前者认为人类发展存在着必然的生态极限，并且经济增长与环境容量之间是零和博弈关系；后者则相信随着科技技术的发展，自然资源不仅不会枯竭，相反还会有所增加。任何知识系统本身都具有一种固执性，认为唯有自己才是真理，具有追求正统性的知识体系的内在动力，而且一旦某种知识成为正统就会将对其的质疑视为异端。正如蒂姆·福西斯（Tim Foysh）所指出的："很多试图从政治上解决环境问题的方案都基于人们熟知的环境问题是如何发生的正统说明。然而这些所谓的正统说明并不像人们想象的那样是正确的。实际上环境问题的定义以及说明是不确定的，其中还包含着许多歧义，甚至是错误的，而且，科学在对环境说明上的这种分歧越来越明显。频繁出现的有关环境破坏的定义具有一个重要特征，那就是有关它含有缺陷的证据越多，它却被使用得越广泛。"[1] 正是由于环境知识的非中性，决定了在协商民主环境决策机制的环境协商过程中，学者尤其是生态与环境专家不能与其他协商主体一样具有同样的利益诉求。

---

[1] Tim Foysh, *Critical Political Ecology: the Politics of Environmental Science.* London: Routledge, 2004, P. 25.

（二）环境风险的建构性

不同的文化、价值以及社会制度设定会使人们倾向于关心特定的风险，而忽视其他风险。这一论断在生态环境领域则意味着自然早已不再是单纯的自然而是由社会和文化构成的自然。环境问题的重要性不是事件本身具有多大的普遍危险性、严重性，而在于这一问题如何被人们所认知，或者被什么样的集团所认识。可以说在一定程度上环境问题是通过事件和政治，作为问题被创造和发明出来的。不同的环境风险解读意味着不同的价值判断，从而会导致决策选择的差异。因此如果将环境协商蜕化成不同风险的解读，就会边缘化缺乏科学语言的受影响者，使得具有主流科学优势的协商者操纵环境协商为其自身的政治或经济利益所服务。政客们更会利用自己的科学优势将特殊利益集团的政治目标隐藏在所谓的科学的面纱之后，并且使得不具有科学家支持的观点与立场失去合法性地位①。因此如果不改变环境协商中的知识霸权现状，环境协商就会蜕变为专家间的竞争，就会出现"科学向我们许诺真理或者至少是我们的智力能把握的有关各种关系的知识，科学不曾许诺和平或幸福。它高高在上，漠视我们的感情，对我们的哀叹充耳不闻"②的情景，众多的环境协商主体也成了古斯塔夫·勒庞口中的"乌合之众"③，自然无法形成具有社会主义性质的环境风险认知。

（三）环境协商中的专家功能

不可否认的是，专家及其掌握的专业知识在环境协商中十分重要，理想状态下专家应当利用自己掌握的专业知识对发生的环境问题给出客观公正的定义与解读，其角色应当是超然的。然而在实际的公共协商中，依据专家与其他协商主体的互动与联系程度来看，专家可能扮演着不同的角色，具体可分为四种类型：（1）合同角色（contractual）：在这种情况下，科学家在未与其他利益相关者进行正式交流的情况下做出决定。科学家可能与其他利益相关者签订了合同，但是其完全独立进行研究并给出自己的问题定义与可能性的解决方案。（2）顾问角色（consultative）：科学家于

---

① Hbermas. J, *Towards a Rational Society*. Boston：Beacon，1970.

②③ 古斯塔夫·勒庞：《乌合之众》，北京大学出版社2016年版。

决策前同利益相关者交流，了解了利益相关者的观点、偏好和认知，但是交流并不会影响科学家的判断，科学家的决策并非与利益相关者共同决定，科学家也不是利益相关者的代理人。（3）协同角色（collaborative）：科学家与其他利益相关者共享决策权利，通过双向交流，科学家与利益相关者相互了解对方的观点、偏好和优先性，任何一方都没有权利推翻共同的决定。（4）共同角色（collegial）：决策由利益相关者独自同科学家交流后，经过集体讨论给出。利益相关者通过双向交流知道科学家的观点、偏好和优先性，并且其可以选择是否考虑科学家的观点。科学家仅仅是为利益相关者的决策提供支撑与说明。

环境决策作为一种社会选择机制，其最为核心的部分在于社会支付意愿或者说价值选择。对政策选择的科学分析可以让我们知晓最好的政策是哪一种，即用最小的风险与成本获得最大的绩效，但是其并不能告诉我们最好的政策选择代表了正确的价值与正义问题。比如为了防止大气污染大幅增加燃油税，从科学角度分析可以增加人们使用燃油车的使用成本，降低废气排放量，从而实现环境保护的目标，但是其也存在着剥夺穷人出行权利的问题。面对这种选择，科学理性本身就无法解决了，需要的是社会价值选择。因此说协商民主环境决策并不是知识竞赛，而是价值选择。这就要求在充分发挥专家的知识优势同时，也要防止其将问题变得复杂化和科学化，尤其是要避免协商的科学性对于价值讨论的压制。我们认为科学家或者说生态学者在环境协商中的功能应当主要体现在环境决策的风险分析方面，而非价值分析领域。而要想实现这一目标，环境协商民主中的专家应当具有如下几个特征：

（1）环境协商中最好的方式并不是理想化地追求无偏见、公平的专家，而是构建一个无偏见的专家讨论过程和多元化的专业知识模型。环境决策会影响一个地区甚至区域的产权、景观价值、人口迁徙、公平性、政府信任度等诸多方面，因而环境决策风险与后果分析经常需要经济、政治、生态甚至行为科学领域的实质性与方法论知识，这也就意味着环境协商民主需要一种在以生态环境专家为主的同时也包括不同领域的专家学者的综合体。

（2）从理论上来说科学分析一定是中性的，不会偏袒任何一个利益方，然而科学知识在风险定义领域不可能实现完全的客观与中立。面对环境问题及其根源的研究，每一种观点都可以自圆其说，但从整体上分析又都具有偏见性。如果专家提供的知识无法完全脱离价值的影响，那么实现中性知识的途径就是其与公共价值的结合。正如贝克尔所说的科学知识的中性应当是积极主动地与地域价值融合在一起，而不是将价值从科学知识中排斥出来①。

（3）帮助协商者建构系统性的、可靠的、用于分析与解读环境决策的能力。虽然普通大众的技术缺陷可以由个人在环境风险上的经历所弥补，但由于其缺乏专业训练，从而使得其无法准确表达其经验并获得他人的认可，进而在价值诉求中被有意或无意地忽略。实践表明具有地方经验的民众知晓一些专家学者无法了解的环境现象，但是由于其知识限制无法自行形成系统性体系，因而存在一个有效的科学性框架十分重要。虽然通过协商可以实现环境风险的揭露与建构，环境问题在其建构过程中逐步显现，但是任何一种环境决策都必须面对如何将经验性知识与科学知识系统融合的挑战，因此让民众具有将经验进行科学编码化的能力必不可少。

（四）培育专家的可信度

专家在环境协商过程中赢得协商主体的信任十分必要，其来自专家的环境危害解读水平和自身的公正性两个维度。专家需要在环境协商中承担促进协商者参与活动、主持知识交流并承担调节冲突和翻译的角色，因而专家本身的环境知识认知和解读能力最为重要。一个无法对环境风险和问题做出令人信服解读的专家，是无论如何也不会得到其他协商代表的认可的。环境协商民主应当是证据驱使型协商（evidence-driven deliberation），而不是裁决型协商（verdict-driven deliberation）。证据驱使型协商要求环境知识民主化，包括增加专家的公共责任感；扩大专家的范围。其中专家既包括实验室科学家，也包括具有实践经验的公众和技术官僚。只有给予科学型知识与经验型知识平等地位，才能最大限度地解决环境协商中的有限

---

① Tobias Krueger, Trevor Page, Klaus Hubacek Laurence Smith, Kevin Hiscock, The Role of Expert Opinion in Environmental Modeling. *Environmental Modelling & Software*, 2012, P. 36.

理性问题。

另外的维度就是专家的客观公平性，专家可以是个人也可以是组织，但都应当是公平的。实现这一点需要构建一个协商性的知识系统，建立一个共享且易于进入的知识系统具有重要作用。在这个系统中的专家的建议具有责任性，治理系统是开放与透明的，欢迎集体性学习。最后专家要保持开放性。专家应该秉承环境风险的反思性判断，拒绝任何主观的判断的信念，无论是正式的还是非传统的，任何知识都会加强决策与判断的民主性，要在扩大观点表达范围的同时，鼓励思想开放，在进行公开式和探索性的讨论方面保持开放心态，并且当有新的证据被引入时改变其原有立场。

第四节　协商民主环境决策机制的后代主体

协商民主理论的受影响者原则与环境决策影响的长期性赋予了后代人成为环境协商主体的权利，同时也体现了协商民主环境决策机制的优势。我们今天在决定环境决策时常会给子孙后代带来消耗殆尽的不可更新资源、跨越阈值的生态系统等不可逆的环境危害。现有环境决策总是有意或无意地忽略后代人的环境权利，后代人也没有足够的机制与能力来影响今天的环境决策。我们认为通过赋予后代人环境协商主体地位，让子孙后代在整个环境协商过程中发出自己的声音，可以使得今天的环境决策更加合理且具有代际正义性。

一、后代人的环境权利

在协商民主环境决策机制中讨论后代人的协商主体问题，首先需要解决后代人拥有当代环境权利的正当性以及环境权利的范畴等问题，这是赋予后代人在环境协商中具有协商主体地位的前提与基础。在人类的历史长河中，所有人都共处于同一个生命共体，我们的祖先、我们与我们的子孙都希望拥有青山绿水，都享有相同的生存权利。既然我们从上一代人那里继承了良好的生态环境，我们也没有权利剥夺下一代人继续享有良好生态环境的权利。在现实的环境权利应用过程中，生态资源的稀缺性决定了当代人与后代人在生态资源上存在着一定的冲突，两者是零和博弈关系，当代人容易利用自己的优势损害后代人应有的环境权利，因此明晰后代人环境权利的来源与范畴是实现环境代际正义的核心问题。目前已有学者对后代人的环境权利的根源与内容给出了多种解读。

（一）后代人的权利理论

1. 范伯格的利益理论。

1971 年，美国哲学家约尔·范伯格（Joel Feinberg）在其所著的《动物与未来世代的权利》一书中最先提出了后代人的环境权利概念。范伯格根据"利益原则"理论认为，如果一个存在物"将"成为一个逻辑上合理的"权利主体"，那么它必须拥有"利益"，从而权利拥有者的范围必然包括子孙后代。即使我们不知道后代人的父母、祖父母以及曾祖父母是谁，甚或不知道他们与我们有什么联系，但无论这些人是谁以及他们将要喜欢的是什么，他们都对我们现在能够或好或坏影响的东西享有"利益"。既然享有利益，那么自然就有维护其利益的权利。范伯格同时认为后代人的环境权利主要体现在后代人与当代人共同享有的地球环境中，即后代人对"生存空间、肥沃的土壤、清洁的空气之类的事物享有利益"，进而拥有环境权利①。

2. 赖特的跨代共同体理论。

继范伯格利益论之后，美国法学家乔治·赖特（George Wright）提出了"跨代共同体理论"②。他认为各代人在地球环境领域内是一个共同体，后代人作为这一共同体的成员同当代人一样享有良好的环境资源的权利。为保护后代人的环境权利不受侵犯，当代人必须限制自己对环境资源的开发利用，这是当代人对后代人理应承担的环境义务与责任。这也就是说无论是当代人还是后代人在享有生态环境权利方面是平等的，作为共同体的

---

① Joel Feinberg. , *The Rights of Animals and Future Generations.* Georgia：University of Georgia Press，1974，pp. 13 – 14.

② 刘卫先：《回顾与反思：后代人权利论源流考》，载《法学论坛》2011 年第 3 期。

一个成员，当代人在利用地球环境资源时不能损害共同体其他成员的权益，从而达到保护地球环境资源的目的。本质上来看这种理论体现了不同代际之间的一种契约关系。

3. 弗莱切特的代际契约理论。

与赖特强调相互性引致代际契约不同，学者克里斯汀·西沙德—弗莱切特（K. S. Shrader‐Frechette）认为即使没有相互性，但通过人的理性、自我利益、正义等要素也可以达成环境领域的社会契约。① 根据这一论断，弗莱切特认为虽然我们和后代人之间不存在共时的、对等的相互性，但却存在着一种类似于接力赛的"链式"相互性（A→B→C→D……）。这种相互性成为当代人与后代人达成契约的基础，也因此当代人与后代人理应在环境领域达成一定的社会契约，相互承担着权利与义务②，即不同代际之间存在着天赋的地球环境资源的适用权利与保护责任，任何一代在这一方面都是平等的，存在着天赋的相互性。

4. 魏伊丝的代际公平理论。

美国学者爱蒂丝·布朗·魏伊丝（Edith Brown Weiess）等人从公平角度讨论了后代人的环境权利问题。③ 其理论的主要逻辑为：生态资源是当代人和后代人的共享资源。每一代人在生态资源面前都是平等的，每一代人在享受良好自然环境和合理利用自然资源权利的同时，也必然肩负着维护和改善地球生态环境的责任与义务。无论是我们的祖先还是后世子孙都仅仅是地球生态环境的托管者而已，确保每代人至少拥有基本相同的生态环境资源是每一代人进行社会经济活动的底线。相反如果一代人破坏了地球的生态环境，那么必然会给后代的社会经济活动带来伤害，这无疑是非正义的，不具有公平性。因此从公平与正义角度出发，我们当代人没有权利无限制地滥用、破坏地球生态环境与资源。

5. 罗尔斯的代际正义理论。

虽然约翰·罗尔斯没有明确提及后代人的环境权利，但其理论蕴含了

①② 刘卫先：《后代人权利理论批判》，载《法学研究》2010 年第 6 期。
③ 爱蒂丝·布朗·魏伊丝：《公平地对待未来人类：国际法、共同遗产与世代间衡平》，法律出版社 2000 年版。

人类不仅是生物存在，更是一种道德存在的认知，因而人类的行为具有天生的伦理关怀与道德责任。基于此点，当代人有义务把一个功能健全的完整的生态系统留给后代，只有这样才是正义的，"每一代人不仅必须保持文化和文明的成果，完整地维持已建立的正义制度，而且必须在每一代的时间里，储备适当数量的实际资金积累。这种储存可能采取各种不同的形式，包括从对机器和其他生产资料的纯投资到学习和教育方面的投资等等。"①

罗尔斯的正义论存在着互利正义（justice as mutual advantage）和公平正义（justice as fairness）两种不同的正义概念。环境领域的代际正义属于公平正义的范畴。当代人与遥远的后代人并非生活在同一时空范围内，二者之间的关系不具有当代人之间的那种相互性或互利性。当代人不可能从他们对遥远的后代人的正义行为中获得任何好处，我们对后代人的正义行为只能建立在道德理性的基础之上，而不可能建立在理性自利或互利的基础之上。而为了实现环境领域的代际正义，科学合理的环境资源代际存储率是关键。正义的储存比率"依赖于社会状况的变化而变化。当人们贫困因而储存比较困难的时候，就应当要求一种较低的储存率；而在一个较富裕的社会里，人们就可以合理地期望一种较高的储存率，因为此时真正的负担较少"②，这意味着生态环境在不同时代的存储比例会随着不同的历史时代而有所调整，同时储备量的合理度是难以用数学的方法精确计算出来的，代际储备的具体内容也不是通过计算可以获得的。正义的储存原则可以被视为代际之间的一种相互理解关系，以便各自承担实现和维持正义社会所需负担的公平的一份。而公共协商则是一种较为恰当的达成相互理解的实现方式。这也就是说通过协商民主环境决策机制可以商定较为合理的代际存储比例，从而形成公平的代际生态存储，实现环境领域的代际正义。

约翰·罗尔斯虽然没有明确提出当代人对后代人的自然资本存储原则，

---

① 陈焱光：《罗尔斯代际正义思想及其意蕴》，载《伦理学研究》2006 年第 5 期。

② Chan Ho Mun, Rawls' Theory of Justice：A Naturalistic Evaluation. *Journal of Medicine & Philosophy*，Vol. 3，2005，pp. 123 – 142.

但其提出的正义存储三原则为自然资本的存储原则提供了思路。（1）保存选择原则：每一代人应为后代人保存自然和文化资源的多样性，以避免不适当地限制后代人在解决他们的问题和满足他们的价值时可得到的各种选择；（2）保存质量原则：每一代人都应保持行星的质量以便不将更坏的状况传递给下一代人，又享有前代人所享有的那种行星的质量的权利；（3）保存接触和使用原则：即每一代人应对其成员提供平等地进入和使用生态资源的权利。可以看出罗尔斯的正义存储三原则中提及了当代人在自然资本方面的公平存储问题，客观上形成了代际正义效果①。

（二）未来人悖论

除了承认后代人环境权利的学者外，也有不少学者对后代人的环境权利问题提出了质疑，这些学者认为后代人权利是一个伪命题，并从权利主体、权利内容与技术条件等方面给出了自己的论证，形成了所谓的"未来人悖论"（the future persons paradox）命题。未来人悖论主要体现在权利主体的非同一性、权利内容的不确定性和技术条件的不确定性三个方面。首先是权利主体的非同一性：非同一性问题（non-identity problem）由美国学者德里克·帕菲特（Derek Parfit）提出。这种观点认为由于代际公平所承诺的道德责任的权利主体——后代人实际上并不存在，在无法确定义务受惠者的情况下讨论权利是一个伪命题。其次是权利内容的不确定性。"子非鱼，焉知鱼之乐"②，在偏好不确定的情境下，当代人无法确定后代人的真正需求，也无法了解后代人的真实利益，因而对当代人进行约束既无效又无益。最后是技术条件的不确定性。因为后代人会比当代人具有更多的技术与知识积累，后代人可以从积累的知识和前代的技术资本中获得更多应对环境风险的能力。随着科学技术的发展，当代人的环境问题到了下一代可能不再成为问题，因而当代人并不需要考虑后代人的权利。

支持后代人环境权利的学者对未来人悖论给出了回应，其核心观点为未来人悖论并不适合于生态环境领域，因为后代人环境权利直接保护的对象并不是"后代人"的人身和财产，而是地球的环境资源，这与一般的

---

① 约翰·罗尔斯：《正义论》，中国社会科学出版社1988年版。
② 庄子：《庄子·秋水》。

权利主体与内容是不同的。首先在非同一性问题上，生态环境系统作为人类赖以生存繁衍的客观条件，维护的是整个人类整体的关切和利益，环境权利是一个共同体的权利，并非是某一个个体的权利，即便某个人类个体没有后代人，人类个体也具有保护并承担保护环境的义务与责任，因而非同一性所强调的主体虚化问题并不存在。其次在权利内容方面，环境权利与其他权利不同，"子非鱼，焉知鱼之乐"的道理在生态环境领域并不适用。当代人与后代人在环境方面的偏好同样是青山绿水，而不是秃山黑水。无论哪一代人都希望自己生活在一个健康完整的生态环境之下，哪一代人的环境偏好都是高度一致的。最后在对技术不确定的回应方面，虽然当代的我们可能无法确知生态和环境的破坏具体在哪一代将发生灾难性后果，但由于环境决策结果的不可逆性，不良决策带来的环境恶果肯定会发生，即使技术累积能够为后代提供更好的应对环境损害的技术条件，但我们也不能武断地认为知识能够弥补生态环境的损害，因为生态环境的损害常常是不可逆的，科学技术在生态环境面前并不是万能的。总而言之，后代人的环境权利无论从理论还是实践角度都是客观存在的，也是当代人不可也不应当否认的，是当代人理应履行的生态责任与义务。健康的自然生态环境对于无论哪一代人来说都既是权利，更是责任。

（三）后代人环境权利的内涵

后代人享有的权利与当代人享有的权利内容上存在差异，后代人无法享有当代人拥有的政治经济上的一切权利，其享有的权利集中于环境权范畴。生态环境就其自然属性而言是前代人、当代人与后代人的共同财产，它不单独属于某一代人，而应属于世世代代先后来到这个地球上的人。生态环境面前每一代人都是平等的，任何一代人中的每一个人都有享受良好自然环境和合理利用自然资源的权利。联合国教科文组织在《关于当前世代对未来世代的责任的宣言》中对后代人环境权利的内容给出了明确论述：为了确保未来世代受益于地球生态系统的丰富性，当前世代应当努力寻求可持续的发展和维持生存的条件，尤其是环境的质量与整体性。当前世代应当确保未来世代不暴露于危害他们健康或生存的污染之中。当前世代应当为未来世代保留维持人类生命及其发展所必需的自然资源。当前世代应当在重大项目被实施之前考虑其对未来世代可能造成的影响。具体而言后代人的环境权利包括两方面内容：一是自然资源与文化资源多样性选择的权利。地球是我们赖以生存和发展的唯一物质基础。后代人应与当代人一样享有自然资源多样性和文化资源多样性的权利。二是等质量的环境权利。尚未出生的后代人应该拥有与当代人所享有的质量相同的环境。这意味着，后代人同当代人一样希望享有清洁的空气、干净的水、温和的气候，即一个完整的、健康的生态系统。其实当代人与后代人都是人类历史中的一部分，如果把当前的时空视为一个"场"，则尚未"进场"的"后代人"每一秒钟都在变成当代人，而"场内"的当代人也会每一秒钟都在退出，整个人类历史就是一个从"进场"到"退场"都不间断的"人流"①。后代人权利是具有全球整体性的环境资源，而不是与个人福利相连的区域性的生态环境，当然在实践层面上，后代人的环境权利必然存在着一定的模糊性，而且后代人本身的"缺位"容易导致具体的权利内涵出现虚化，从而无法准确厘清环境权利的内容和范围，这对后代人环境权利的实践提出了挑战。此外后代人的环境权利在当代更多地体现为当代人的义务，即所谓的虚幻的权利与现实的义务命题。当代个人所承担的环境义务多是具体的，在当代人有能力和知识选择不采取对后代人的生态环境产生危险的行为的时候有责任选择有利于后代的行为，这是一个道德与义务的要求。

二、后代人的协商主体角色及其意义

赋予后代人协商主体的角色是协商民主对当代民主体系的发展，同时也是实现生态环境可持续化的必然方式。通过给予后代人主体地位，民主跨越了人类中心主义界限，拓展到了更为广泛的生态民主领域，是现代民主的进一步发展，可以缓解甚至解决当今环境决策的非正义性与合法性问题。

（一）环境决策的代际正义

后代人在环境决策中遭受了天生的社会不平等和弱势的禀赋，从而相

---

① 刘卫先：《后代人权利：何种权利?》，载《东方法学》2011 年第 4 期。

对于当代人而言是处于不平等地位。与此同时当代人与后代人在环境利益领域具有一定的紧张关系，符合后代人需求的环境政策需要当代人付出一定的短期利益，这容易导致当代人放弃后代人的环境利益，从而造成不可逆的环境损害。因此既然在环境决策过程中后代人受到特定社会政治、经济体制的影响，就要调节主要的社会制度，尽量排除社会历史和自然方面的偶然因素对后代人生活前景的影响，才符合正义原则。而公共协商则是有效的矫正机制，只有后代人或者其代表在当下环境协商中客观在场，才可以修正后代人在环境决策中的弱势地位，才有机会发出自己的利益诉求，环境决策也才拥有了代际正义性。

（二）环境协商的有限理性

在环境政治话语中，环境决策是政治谈判的结果，而在谈判过程中有集团化、有组织的利益组织具有谈判优势，因而环境政策容易偏爱由富裕人群形成利益集团化的环境风险认知，进而使得环境决策趋向于具体的、符合特殊集团经济需求的短期利益，这与强调长远利益的环境决策存在着冲突。虽然有些环境决策中可以听到一些不同的环境风险认知声音，但这种声音经常是偶然的，更会在发生冲突的时候被淹没在其他声音之中。在协商民主环境决策机制中引入后代人代表能够在决策过程中带来更多的信息与思考角度，从而引致更为理性的对话。首先发言者能够在讨论中提出在缺乏后代人正式代表情况下被忽视的建议与选择；其次后代人代表能够将相关的信息（价值、事实、问题、解决方法与选择）带入决策过程之中，从而降低有限理性的程度，在一定程度上后代人代表在协商过程中发挥着信息角色，可以提升决策的信息基础与决策者的反应水平，产生其他人所不能想到的问题与解决方式，这一点对实现长时段的生态环境保护尤其重要。

三、环境协商过程中的后代主体

环境政治话语中环境权利主体的概念范畴随着社会经济的发展而不断延展。从最初的部分自然人到所有的自然人，从人类到非人类的生物群，这是社会文明发展的必然结果。协商民主环境决策机制中的协商主体资格源于自身的利益与价值，而非其行为能力，而且环境协商主体不是一成不变的，它会根据现实的需要而拓展，以适应社会发展的要求。

（一）后代人的权利主体性

地球并不仅仅属于当代人，它也属于人类的每一世代，后代人与当代人拥有同样的环境资源选择与获益机会。后代人的环境权利是一种集体性权利，具体包括实体性权利和程序性权利。实体性权利包括清洁空气权、日照权等生态性权利，也包括资源使用权、处理权等经济性权利。程序性权利主要集中在参与权、表达权、知情权等。理论上任何拥有环境权的主体都可以通过自己的环境使用权、知情权、参与权、请求权来捍卫在免受污染和破坏的环境中生存的权利。然而由于后代人的物理缺失性，在今天的环境政策中，后代人的环境权利往往表现为当代人为保护环境而做出的道德倡议，这也是今天的环境政策每每忽视长期环境利益的重要原因。我们认为解决这一缺陷的最好方式就是在环境治理实践中给予后代人切实的主体资格。只有获得了环境权利主体资格，后代人及其代表才能获得实质上参加环境决策的机会与能力，才可以在后代人环境权利受到侵害时提出自己的利益诉求，表达自己的价值关切。

（二）后代人的契约主体性

后代人环境协商主体角色的成立也来自与当代人的环境责任契约。一般而言，订立契约需要契约各方既有相似或相同的主观需求，又存在着相互冲突的生活计划或善的观念，因而合作才变得既可能也必要。无论是当代人还是后代人都有着对良好生态环境的主观诉求，但对于良好环境的实现方式与具体内涵，尤其是在环境善物的分配方面，当代人与后代人有着不同的甚至可以说是相互冲突的需求，因此说当代人与后代人在生态环境领域存在着天然的契约关系需求。签订成功的契约需要契约各方具有自由、平等、自利、理性的特征。首先契约各方必须是自由的。因为只有自由主体才能按照自己的意愿决定取舍。其次契约各方必须是平等的。只有成为平等的道德主体，才能形成何为善，什么是正义的观念，才会让各主体在订立契约时和订立契约后能在理解和遵循正义原则方面相互信赖。再其次契约各方必须是自利的。最后契约各方必须是有理性的。从此出发，一些学者认为由于后代人并不符合上述契约订立主体的特征，因而不能成为契约订立主体。对此罗尔斯指出，虽然契约理论认为具有理解能力和同意能力是订立主体的基础，但由于现实中个人的理解能力、谈判能力各不相同，因而契约主体的核心不在于对象具有何种能力，而在于对象是否被承认为位格，只要被承认为位格，就是权利主体，同时也是订立主体①。从位格角度出发，所有的位格都具有位格契约论所赋予的虚拟的谈判能力、理解能力和同意能力，从环境角度出发后代人一定是具有位格的，因而也就具有了签订契约的主体资格与能力。

（三）协商主体地位的获取方式

由于后代人的非物理存在性，在某种程度上后代人的环境权利并不是一种现实的存在，而是一种观念存在。正因如此，后代人的权利只能由现实存在的当代人进行在场代理。正如魏伊丝所指出的，我们应该使未来世代利益的代表在司法或行政程序中获得一席之地，或者设立一个其职责为保证保护资源的实体法的实施、调查违法申诉并对存在的问题提出警告且由公众资金支持的机关②，于是如何产生既合法又有效的代表制度，即由谁来担任后代人的代理人以及代理人的产生方式成为关键。协商民主环境决策机制建议了两种实现后代环境利益的途径。一种途径是将后代人的环境利益内化于当代人的环境利益之中的利益内化范式；另一种途径是通过既合法又合理地产生后代人代表，使后代人代表成为环境协商的在场主体的主体方式。

1. 利益内化范式。

利益内化范式认为，后代人的环境利益可被当代人的长远利益和公共利益所吸收，保护当代人生态环境的长远利益和公共利益就是保护后代人的环境利益。例如罗伯特·古丁就认为没有必要在环境决策中为后代人创造固定的席位，现代公民可以通过协商过程在追求当代长远利益的同时体现后代的环境利益，形成所谓的后代环境利益的内部化。正如现代社会中

---

① 李薇薇、胡志刚：《论环境正义——从罗尔斯正义论关于动物和正义的思想说起》，载《自然辩证法研究》2008 年第 11 期。

② 刘卫先：《后代人权利：何种权利?》，载《东方法学》2011 年第 4 期。

我们常常将未成年子女的权利内化于父母身上一样，我们也可以将后代人的环境权利与利益内化于当代人的环境权利之中。在这种范式下，在场者（当代人）掌握着实际的协商控制权，不在场者（后代人）的权利被虚拟代表，后代人的环境协商权利实际上就转化为当代人对后代人的伦理关怀。在这种情况下，虽然后代人无法通过物理在场来实现协商过程的"现场交流"，但是其可以通过代表实现"想象在场"，并通过想象在场的方式发出自己的声音，实现某种意义上的物理在场。

实现利益内化范式有效性需要两个前提基础：一是代际间环境权利的一致性。只有代际间环境权利相一致，后代人的环境权利才会自然内化于当代人的环境诉求之中，后代人的环境权利才能在当代人的环境协商民主过程中得以实现，否则就会如同夏学銮曾经指出的，只有在人类生态环境已经显现危机的情况下，以代际公平为核心的可持续发展政策才可能引起人们的重视，这对于后代无疑是不公平且无效的[①]。客观来说，这一前提条件较为苛刻。不仅是客观的环境权利不同，当代人对后代人环境权利的认知也存在着较大的差异。二是当代人具有较高的环境道德与责任意识。只有当代人具有较高的环境共识与道德素质，才能在经济发展与保护环境之间发生冲突的时候以环境保护为前提，也不会假设后代人具有更强的环境危机处理能力，并认为自己有责任与义务留给后代一个完善的生态系统。

利益内化范式产生的后代协商主体主要是后代专员（ombudsman）模式。由于指派方式无须经过复杂的选举程序，产生过程相对简单、易于操作，且涉及法律问题较少，更为适合具体的环境决策领域，后代环境专员主要通过指派方式产生。当然由于其未经过广泛的利益相关者的同意，也未经过广泛的选举，因而行为问责主体也较为模糊，具有一定的合法性局限性。后代环境专员的权利主要体现在两个维度：一是广泛的调查权：后代专员具有广泛的调查权，具有要求各种社会组织提供信息并且允许其查阅相关文件的权利，例如欧洲的后代权利专员制度；二是决策建议权：后

---

① 夏学銮：《代际公平：当代与后代的绵延》，载《江西社会科学》2006 年第 11 期。

代专员可在决策前提出自己的意见,在决策过程中纳入涉及后代的长期利益内,并因此体现后代的权利,例如以色列在议会设立的未来专员的权利范畴即为在尊重国家审计法的前提下要求政府部门、公共公司、国家实体和政府公司提供相应的信息,有权要求议会中的委员会讨论涉及后代权利的议案,并且可以提出自己的意见,同时也有暂缓立法过程的权利。

从环境专员保护长期的后代人生态环境关切的角度出发,后代人环境专员需要具有环境问题感知能力与环境保护意愿两方面能力。为此我们建议后代人环境专员应当来自协商各方的上级政府或全国性的环境保护组织。选择上级政府,尤其是中央政府的原因在于上级政府在经济发展与环境保护发生冲突的时候,抛弃环境保护的冲动相对较弱。在现行的考察体制下,经济发展毫无疑问是地方政府的最核心发展目标,在经济建设与环境保护发生冲突的时候,具有流窜匪帮色彩的地方政府官员容易重视短期的经济效率,而忽视长期的环境收益,而中央政府则由于政绩考核的压力较低,易于考虑到当地长远的环境保护诉求。选择全国性环保组织的原因在于其专业性与独立性。作为全国性的环境非政府组织,其对各种环境污染和生态破坏的敏感性较强,技术处理和防范也比较专业。并且相对于地方性的环境保护组织而言,全国性甚至具有世界组织背景的环境保护组织被俘虏的概率较小,因而在动机方面更有利于在协商民主的过程中提出后代人的环境利益诉求。

2. 选举产生范式。

除利益内化范式外也有学者从合法性角度提出通过建构后代人选区,经过选举产生一定数量的后代虚拟代表(F-representative),从而在一定程度上实现环境决策过程中后代人的在场协商。秉承这一理念的学者们认为利益内化无法让后代人的环境需求得到充分表达,只有在环境公共协商中实现一定程度的后代人在场性,才能让当代人在进行环境协商的时候时刻提醒自己后代人的存在,从而让后代人利益更多地体现在决策者的考虑之中[1]。

---

① Kristian Skagen Ekeli, Giving a Voice to Postersity – Deliberative Democracy and Democracy and Representation of Future People. *Journal of Agricultural and Environmental Ethics*, Vol. 5, 2005, pp. 429 – 450.

最早提出后代虚拟代表的是美国学者格雷戈里·S. 卡夫卡和弗吉尼亚·沃伦。他们在 1983 年的文章《后代人的政治代表》中提出，由于后代人在当代环境决策过程中无法实现在场性，因而后代人在当代人的政治决议中存在着被代表的问题，而解决这一问题的方法就是设立为后代人利益而保留的"立法席位"。这种方法相对于内化范式具有更好的合法性与客观性。合法性在于通过选举产生的后代人代表具有问责与授权的权利，而客观性在于不同地区的社群可以根据不同的时空诉求选择不同的环境价值，是生态中心主义，也是人类中心主义，从而为不同的人群提供更为现实与理性的选择。而在选举后代虚拟代表的选举过程中，人们可以依据自己的喜好选举主张生态现代化的环境团体或者主张荒野主义的环境团对等。

在具体的实施途径方面，学者安德鲁·多布森提出了具体的构想。他希望在既有的选举系统之外再建构一个未来代表的选举系统。后代人选区中的选民可以通过合理的方式产生自己的政治代表，这样的后代人代表就具有了授权与问责权利，也就解决了其合法性问题。最初多布森主张在后代人选区中以随机抽样的方式产生后代人代表，但是后来他担忧这种选择不能保证后代人的环境利益，或者说被随机选中的当代人可能不具有道德关怀，甚至自私自利，故而在当代人的利益与后代人利益出现冲突的时候，会潜在地导致当代人关心他们自己的利益并利用额外的影响力服务于他们自己的需要，进而损害后代人应当之权利。因此后期他建议将后代人代表范畴限制于可持续与环境的游说团体范畴之内，因为环境游说团体比其他社会组织可以更好地代表并促进后代人的利益[①]。

（四）后代人协商代表的权利范畴

为确保后代人协商代表在环境协商中具有切实的话语权，学者们也讨论了后代协商代表的权利范畴。目前的观点分为有限授权模式（restricted franchise model）与拓展授权模式（extended franchise model）两种。

（1）有限授权模式：这一模式由安德鲁·多布森提出。具体内容是在既有选区的选举架构中事先为后代预留一定比例（5%）的席位，这

---

① Andrew Dobson, Environmental Citizenship: Towards Sustainable Development. *Sustainable Development*, Vol. 9, 2007, pp. 36 – 48.

些席位为后代人代表所独有。后代选区的选民投票选举的就是这些席位的政治代表。这些后代人代表与其他政治代表具有同等的制订法律与政策的权力。此外后代人选区的选民具有成立代表未来人利益的所谓未来政党的权利。最初在安德鲁·多布森设计的选举系统中,任何一个对后代环境福祉具有关怀的人都可以成为候选人,都可以成立旨在保护后代福祉、主张代际正义的未来政党(future-parties)。后来多布森主张将未来政党的成立者限定在环境组织之中。多布森的有限授权模式存在着几个问题。一是这种模式暗含着后代选区选民有两个选举权,然而非选民则只有一个选举权,不符合一人一票的民主特征;二是这种模式限制了对后代利益的合理性差异讨论,因为在限定选民范畴的同时也限定了观点与知识的范围。

(2)拓展授权模式:这一模式由学者克里斯蒂安·艾可丽(Kristian Skagen Ekeli)提出,这一模式同样建议在立法机构中预留一定比例(5%)的席位给后代人代表。与安德森不同的是,艾可丽认为对未来政党或者代表不能有身份上的限制,认为任何宣称自己有意愿与能力代表后代人环境关切的人或组织都可以成立未来政党,参加后代人席位的竞争。[①] 同时在这种范式中,多数未来代表(2/3 或 3/4 之上)具有将环境法律与法规延缓两年或直到新选举之后的权利。这种设计的目标在于通过拓展决定的时间距离的方式避免环境决策过于专注短期利益,忽视长期的、后来人的环境利益。我们认为对于协商民主环境决策机制而言,拓展授权模式更具有合理性,因为安德鲁·多布森的模型限制了参与者的身份,不符合协商民主的开放性与平等性要求,而艾可丽提出来的未来人代表则没有具体限制投票者与当选者的身份,具有更好的合法性。

当然为实现后代人代表的合法性与有效性,我们需要解决代表的认知与动机问题。首先在动机方面:安德鲁·多布森认为未来候选人对后代人

---

① Kristian Skagen Ekeli, Giving a Voice to Postersity – Deliberative Democracy and Democracy and Representation of Future People. *Journal of Agricultural and Environmental Ethics*, Vol. 5, 2005, pp. 429 – 450.

有着天生的道德关怀，也更为注重后代人的福祉①。这一论断虽有一定道理，但在环境政治的实践中依然具有一定的不足。无数政治现实告诉我们，代表言行的不一致是如此常见，而为了其在环境协商民主中切实起到应有作用，就要坚持环境协商民主协商过程的公开性、透明性，通过实现的公开性与透明性，倒逼形成公共协商过程中的伪善的文明力量（civilizing force of hypocrisy），促使参与者在公共讨论中压制未考虑后代人利益的狭隘地只考虑个人利益的与短视的建议，从而让后代人的环境代表真正体现后代人的环境诉求。我们也可以在协商民主环境决策过程中限定一些例如预警原则等约束性原则，从而限制并约束未来人代表的私利冲动②。其次在认知方面：虽然后代人代表也许无法明确知晓后代人环境偏好、需求与计划，但是却可以充分了解那些能够赋予后代公民民主化的集体选择所需要的背景与前提条件③，因而促进后代人代表认知提高的路径在于后代人代表的多元化竞争。不同的后代人代表有着不同的甚至是竞争性的环境利益观点。而为了获得代表权，后代人代表会更为关注相关的环境信息，分析环境行为与后果的内在联系，掌握更为丰富的有关环境问题的知识信息以及了解环境政策的影响，提高公共讨论的质量，更好地理解与预测后代人的环境诉求。

在协商民主环境决策机制中引入后代人代表，可以让环境协商过程更加具有合法性与合理性。而无论是内化利益方式，抑或直接的代表选举各有利弊。利益内化范式较为符合当今的社会政治现实，实施起来较为容易，可以作为协商民主环境决策机制的短期方案，而安德鲁·多布森等学者提出的构建未来代表选举系统虽然在现实中存在着诸多的困难，但由于其在授权与问责方面有着更多的合理性，也可以作为协商民主决策机制的努力方向。

---

① Andrew Dobson, Environmental Citizenship: Towards Sustainable Development. *Sustainable Development*, Vol. 9, 2007, pp. 36 – 48.

② 这可能与协商民主的原则存在着一定的矛盾。因为协商民主要求协商者可以根据公共协商来改变自己的观点，而约束性原则容易限制代表的选择范畴。

③ Dennis F. Thompson, Representing Future Generations: Political Presentism and Democratic Trusteeship. *Critical Review of International Political Philosophy*, Vol. 13, 2001, pp. 17 – 37.

第五节　协商民主环境决策机制的环境主体

如果没有环境代表能够表达或者现实在场，那么协商民主环境决策机制很容易产生道德与政治合法性问题①。长期以来由于主体性的缺失，生态环境的内在价值很难体现在环境决策结果之中。为了让协商民主环境决策机制更具有正当性，尤其是在经济利益与公共环境利益发生冲突时更能体现环境公共利益，在环境协商中给予生态环境以协商主体地位不可或缺。正如罗宾·艾克斯利曾经指出的，我们要求一定要在绿色公共协商中设立代表非人类实体的代理代表②。当然由于生态环境缺乏交流表达能力，生态环境的主体在场性只能通过特殊的制度安排得以实现。想要将自然环境利益通过虚拟人类代表得以实现则主要通过两种途径，一种方式是将生态环境的利益内化于人类利益之中，另一种方式是通过角色扮演等途径产生适合的人类代表。

一、自然环境的利益性与表达

自然环境的协商主体资格可从人类的道德责任与生态环境内在价值两方面得到支撑。安德鲁·多布森曾经认为，生态公民权是建立在个体责任基础上的非契约性权利，是具有非契约性或不对等的环境责任。人类不仅仅是生物存在更是一种社会存在与道德实体，具有给予生态环境道德关怀的责任与义务③。人类与各种各样的动植物共同居住在同一个地球之上，人类与其他生物共同构成了当今的大千世界。同为地球生物，所有生物都拥有在这个星球上生存并发展的权利，都拥有在较宽广的范围内使自

---

① John O'Neill, Representing people, Representing Nature, Representing the World. *Environment and Planning C: Government and Policy*, Vol. 19, 2001, pp. 483 – 500.

② Robyn Eckersley, The Discourse Ethic and the Problem of Representing Nature. *Environmental Politics*, Vol. 8, 1999, pp. 24 – 49.

③ Andrew Dobson, Environmental Citizenship: Towards Sustainable Development. *Sustainable Development*, Vol. 9, 2007, pp. 36 – 48.

己的个体存在得到展现和自我实现的权利。从这一角度出发，将自己视为高等生物的人类将生态环境作为协商主体不应存在道德上的困惑。唯一具有道德能力的人类主体在实现自己生存发展利益之时应该具有调节自己对待非人类生命物种及其生存环境的道德承诺，以维护生命共同体的整体利益和组成成员的共同利益，合理地保障非人类生命物种基本的生存利益。

虽然哈贝马斯将拥有认知能力作为协商主体的前提，但协商民主应当是一个不断完善的理论，其主体范畴理应根据实践的发展而不断拓展。正如罗伯特·古丁指出的，自然的内在价值类似于利益，其价值应该同人类利益一样获得有效的政治代表的权利。现代社会认为环境价值来源于两个途径，一是来源于人类的工具性与有用性，即只有人类自身认为有价值的东西才具有价值；一是来源于环境自身，而不是产生于人类的有用性。有价值则必然具有利益，也就应当在政治实践中能够获得合理的充分的代表，并与其他利益主体得到一致的平等的保护权利。

协商民主的合法性要求任何受决策影响者都有进入公共协商过程、提出自己关切与利益的权利，这代表着成为协商主体的资格并非交往与认知能力，而是自身的价值与利益。也就是说只有具有内在价值的生态环境在公共协商中成为在场者，才能真正发出生态环境的声音，让协商民主环境决策更具有正当性。当然，虽然所有的利益都指向了客观价值，但并不是所有的利益都容易实现政治表达。由于生态环境自身缺乏认知能力而无法独自将价值转化为利益，因此生态价值可能不具有政治表达性。也正是这一原因导致人们往往对那些工具性价值生态环境给予利益，却忽视那些目前看似无助于人类生存与发展的内在价值。政治表达困难并不意味着可以放弃表达。现代民主理论要求任何客观价值的利益都应当受到平等对待，得到平等的政治代表。现代民主发展的目标就在于排除对其利益得到政治代表的武断拒绝。既然生态环境自身缺乏在政治决策中表达并申诉的能力，那么就需要通过一种机制来形成虚拟的评价者，从而实现价值向利益的转换。如果我们将最低限度的民主理解为利益的平等，那么最低限度的环境协商民主在于将自然的利益视作与人类利益一样平等的地位，理应得到平等的对待①，而生态环境在环境协商中的主体化是实现价值与利益转化的具体工具。

二、环境协商中的生态环境

协商民主学者对自然环境是否具有协商主体资格持有不同的观点，且这一观点是随着时间的推移逐步拓展的过程，例如罗尔斯和哈贝马斯只将人类作为协商主体，而德雷泽克和埃克斯利则将协商主体的范畴拓展到了生态环境等非人类实体，主张环境协商中的协商主体理应包括以生态环境为代表的诸多非人类实体。

在哈贝马斯的协商民主理论中，交往行为仅仅发生在那些能提出质询和履行有效性诉求的个体间，因而似乎只有具有语言交流能力的人类自身才有可能成为协商主体，而生态环境则因为缺乏必要的交流能力而不具有协商主体资格。这一论断在人类的政治领域中具有合理性，但如果拓展到环境领域则缺乏正当性。因为按照协商民主的受影响原则，生态环境本身也是环境决策的受影响者。当然哈贝马斯也通过理想的演说情境暗示了生态环境的问题，在理想的演讲情境中，哈贝马斯暗示参与者可以通过角色扮演来预想其他参与者的利益与观点，并且在讨论普遍观点与共同规范之时将其他参与者的利益与观点给予同等重要地位。② 这隐含着代表性协商的潜力，即在话语理论中通过人类协商主体的他者导向（other-regarding orientation）可以给予那些无法实现实际在场的受影响者一种虚拟在场性，最终我们可以通过角色扮演、公共性与检验要求使得实际在场者在进行决策的时候考虑到那些受到决策影响的场外者的利益与诉求。这也是罗伯特·古丁倡议的，也许可以将交往想象为一个能够把每一个人甚至更广阔的周围世界的利益内部化的过程。与哈贝马斯不同的是，罗宾·埃克斯利将协商主体的范畴进一步拓展到非人类个体。她认为哈贝马斯未能区别话

① Robert Goodin, Enfranchising the Earth, and its Alternatives. *Political Studies*, 1996, pp. 835 – 849.

② J. Habermas, *Knowledge and Human Interests*. Boston：Beacon Press, 1971.

语代理人、道德捐赠者与道德主体之间的区别①。人类不是自然的话语代理人，而是道德主体，而且这种道德主体因为人类的自我指正（self-directedness）能力所以可以尊重并考虑自然的价值与利益。可以看出，罗宾·克斯利认为从道德角度来看，交往能力是主观的②。

　　比前述学者更进一步的研究是，德雷泽克认为大自然如同人类一样具有交往能力。虽然生态环境不会如同人类一样言说，但自然的心灵会有征兆，自然的观念会有表现的途径，自然的规律会自在自为。只要我们关注，只要我们聆听，我们就会认识到自然的内在价值与诉求。此外，德雷泽克认为没有理由认为必须拥有人力资源才能进行交往，没有必要把这个内化的思考过程都限制在人类世界的边界之内。在德雷泽克的话语民主理论中，自然环境并非野蛮实体，也不是被动的、迟钝的和易受影响的，而是活生生的、富有意义的，而实现人与自然的交往的途径就在于有效地聆听。③ 德雷泽克认为，有效的聆听习惯是任何协商民主的核心内容。对能动性的认可在实质上意味着我们应当怀着对协调人类交往一样的敬意去聆听自然界发出的信号，并且对信号做出详尽解释。也就是说人类与自然的关系不应当成为一种工具性的干预和对以控制为导向的结果进行的观察。人类与自然的交往性互动是具有理性的④。与德雷泽克相似，布克金也认为人类是能够与非人类自然实体实现准交流关系（quasi-communicative relationship）的，这是现代社会发展进程中一个不可回避的元素⑤。自然环境的反馈信号可以告知我们自然对于人类的反应。例如植物缺水会通过萎缩的方式进行交流。而这种反馈信号应当属于话语范畴。因此环境倡议者能够基于科学证据为生态环境提供诉求。这也就是说，自然具有交流能力，可以成为环境协商民主决策机制中的协商主体。

---

① J. Habermas, *Knowledge and Human Interests*. Boston：Beacon Press，1971.

② Dennis F. Thompson, Representing future generations：political presentism and democratic trusteeship. *Critical Review of International Socialand Political Philosophy*，Vol. 1，2010，pp. 17 – 37.

③ 周国文：《自然与生态公民的理念》，载《哈尔滨工业大学学报（社会科学版）》2012 年第 3 期。

④ 约翰·德雷泽克：《协商民主及其超越：自由与批判的视角》，中央编译出版社 2006 年版。

⑤ 默里·布克金：《自由生态学：等级制的出现与消解》，山东大学出版社 2012 年版。

如上所述，我们认为虽然生态环境不能以人类语言进行交流或者发言，但在我们依照自己的意愿索取生态资源，进行环境改造的时候，生态环境本身通常会跨越自然和行政等各种边界而开始影响人类的生产与生活，这就是自然跟人类最基本的交流方式，更是自然的语言，因而生态环境无论从道德责任上还是交流能力上都有成为协商主体的资格。

三、环境协商主体选择方式

不可否认，由于生态环境自身交流能力的有限性，其自身无法实现物理性的在场讨论，选择恰当的代理人就成为环境协商民主的核心问题。在此问题上需要解决虚拟代表的性质与权限、产生方式（直接或间接）、动机与认知等诸多问题。

在协商民主理论下，如果一些具有利益性的主体被排斥在平等的公共协商思考范围之外，最简单直接的解决方式就是将被排斥的主体包含在公共协商之中，实现被排斥者的发言权、投票权等核心权利。因而在协商民主环境决策机制中，我们需要给予自然环境以协商主体地位以确保自然环境的利益得到公平对待。只是由于现实中的协商利益来自客观价值目标和主观评论者的互动，没有感知能力或缺乏一定认知工具的生态环境即使拥有客观价值，也常常无法通过交往表达自身利益诉求，无法在政治领域中实现在场政治，需要通过恰当的代表机制实现虚拟化的利益表达。由于人类很难完全站在生态环境立场上认识问题，而且要了解生态环境的全部利益诉求也非常困难，因此一直以来环境政治学家们一直在寻找选择非人类物种代表的原则与方法①，实践表明一些具有良好环境道德承诺与认知的人或组织可以在一定程度上代表生态环境的价值与利益诉求，从而在环境协商中实现了一定程度的在场性。

（一）暗含利益方式

暗含利益（encapsulated interests）概念源于罗伯特·古丁，其认为暗

---

① Kelvin J. Booth, Environmental Pragmatism and Bioregionalism. *Contemporary Pragmatism*, Vol. 9, 2012, pp. 67 – 84.

含利益是现有政治体制中体现生态环境利益的最好安排。① 暗含利益本质上是一种授权机制，即将一种个体的利益融合于其他个体之中。假设 A 的利益完全包容于 B 之中，那么 A 的利益也就是 B 的利益。现在假设 B 得到授权且具有交往能力，而 A 没有交往能力。那么 B 在表达自身利益的同时也客观地代表了 A 的利益。暗含利益概念假设了 A 与 B 之间的信任关系。这种信任关系要求 A 在关注自己的利益同时也要关注 B 的利益，即我信任你实际上意味着我相信你会为了我的利益行事，因为你有充分的理由这样做，毕竟这样对你自己也有好处②。当然任何组织或个人都不能百分之百地将自然环境的利益完全内化于自身利益中，二者之间的差异与冲突不可避免，这也就意味着暗含利益下的授权机制理论上是存在瑕疵的，并不完美。只是由于最优化选择在环境政治实践中不具有可行性，有总比没有好，次优选择自然优于没有选择。

协商民主是最能引致暗含自然利益（encapsulated natural interests）的政治实践。运用暗含利益方式的协商民主环境决策机制可以将生态环境的话语权内化于具有生态环境利益的人或组织身上。由于动机与认知理性的阻碍，我们人类自身的利益与生态环境利益之间的差距不可避免，尤其是在人类中心主义的思想依然是主流社会共识的情况下更是如此，即使是对环境最具有同情心的环境组织也不能完全代表生态环境的利益，即任何人或组织不可能完全地将自然利益内化于自身利益之中。为最大限度实现生态环境利益内化于其他协商主体之中，必要的制度设计不可或缺。一是运用多种方法培育协商主体的"扩大的心智"，具有了扩大的心智的协商主体更能发出生态环境的声音；二是需要包容性的程序以纳入更多的协商主体，协商主体越多，越具有多样性，越有可能为自然利益发声；三是实现协商的公开性，讨论的公开性会压制自己的狭隘的个人利益，强调公共利益；四是分清生态固定匪帮与流窜匪帮，固定匪帮相较于流窜匪帮更具有公共利益特性。

---

① Robert E. Goodin, Democratic Deliberation Within. Philosophy Program, 2000.
② 胡宝荣：《国外信任研究范式——一个理论述评》，载《学术论坛》2013 年第 12 期。

（二）直接代表方式

除了暗含利益方式外，安德鲁·多布森等具有深绿色彩的学者认为通过直接代表方式选择环境协商主体更具有合法性与合理性。环境代表的代表权来自授权、现场存在和价值认知三个方面。所谓授权制是经过其所代表的社群授权产生的代表，是三者之中最为直接与严格的方式。在这种方式下代表产生于被代表者的选举或指派，并且与问责息息相关。所谓现场存在是选择具有共同身份的人或组织代表自身利益的方式，由于代表本身具有社群特征或本身就是社群成员之一，这种方式实现了在场政治（the politics of presence）。所谓价值认知方式是指经过价值判断、专业知识等方面的认证后，允许某个人代表特定社群的代表机制，这种代表既没有经过授权，也不具有同样的身份特征，但具有认知优势与道德承诺。三种代表产生方式中第一种由于委托人在现实中的缺失而无法实现，第二种由于生态环境交往能力的缺失也无法实现，因此现实的环境代表可能是具有环境道德关切的人或组织，例如罗伯特·古丁认为合适的环境代表就应当是对自然具有同情心的并且具有政治影响力的人或组织①。

1. 环境代表的动机。

既然生态环境代表的职责是需要在环境协商中发出生态环境的声音，因此如何解决环境选民在环境协商中的动机问题是实现环境主体代表有效性的前提。所谓动机是指如何让环境代表在环境协商中具有更好的生态良知以及环境道德，真正表达所代表的自然环境的问题。在动机问题中，一方面多样化的代表是对动机问题的有效回应之一。多样化的代表提供了一种抗衡、移置和最终理顺代表的政治想象的手段，可以在一定程度上降低与所有形式的政治代表相关联的知识与动机的排斥性，自然地具有防止私利的共谋和推进扩大的思考双重功能，避免狭小的精英群体猜测不同处境下受影响者的利益与关切。另一方面将代表限定在固定生态匪帮范畴之内也是一种好的选择。我们认为对于生态环境而言，任何人都是掠夺者，都是匪帮，区别则在于是流窜匪帮还是固定匪帮。流窜匪帮与固定匪帮的概

---

① Robert E. Goodin, Democratic Deliberation Within. Philosophy Program, 2000.

念由美国著名经济学家奥尔森提出。他根据 20 世纪初期中国军阀混战的史料在《独裁、民主和发展》一文中描述到，20 世纪初中国北方有些农村地区常遭土匪抢劫，百姓痛苦不堪。军阀来了后，照样盘剥百姓，可土匪却不敢来抢劫了。因而奥尔森认为中国当时存在着两种暴力组织：土匪是"流窜匪帮"，而军阀是"常驻匪帮"；前者是随机地进行掠夺，后者则是定期、持续、相对稳定地对势力范围内的老百姓征收财富。对于老百姓而言，后者虽然也是暴力盘剥，但百姓交了"保护费"后，就能得到其保护而不受前者的掠夺。因此与其受"流窜匪帮"的轮番洗劫，还不如只接受一个"常驻匪帮"的盘剥①。将这一理论应用到环境领域，我们则可以根据不同人群与某一生态系统的关系将其分为流窜匪帮和固定匪帮两种。对于在环境领域的流窜匪帮，我们可以理解为仅仅将某一区域的生态环境系统作为获取经济利益的人群，而固定匪帮则为将某一区域的生态环境作为生活方式的人群。相对而言，前者具有较高的流动性，注重短期经济利益，忽略长期社会利益；而后者则具有较高的稳定性，注重长期经济利益。

2. 环境代表的认知局限。

人类作为自然的协商主体代表必然存在认知局限，即使我们选对了最具有环保动机的代表，也不能解决其如何知晓自然的利益诉求等问题。生态环境与儿童或精神不健康者不同，我们无法通过反事实情境进行反向推理，科学家们也很难超越自身的科学规范，完全理解生态系统的结构和功能。因而人们往往无法确切了解一项环境决策对于环境的影响究竟如何。比如其带来的是好的影响还是坏的影响，或者对于坏影响的程度生态系统能否承受，是否跨越了生态系统的阈值，是否破坏了生态系统的弹性（resilience）等。面对这种情况，环境代表如何最大化代表生态环境的利益，避免出现不可逆的错误性选择是环境协商民主必须要面对的问题。对此埃克斯利曾经提出，如果我们想把自然作为一种相对自治的主体来尊重，同时又承认我们所认识的自然是一个暂时性的、不完整的、受到文化过滤的个体，那么我们利用自然和与自然相互作用是应该以小心、谨慎和

---

① Mancur Olson, Dictatorship, Democracy, and Development. *American Political Science Review*, Vol. 5, 1993, pp. 34 – 56.

谦卑的方式进行，而不是以无情或傲慢的方式进行。即我们如何知道生态环境的利益，为达到这一目标，预警原则是一种可行性选择，尽量避免明显不适当地干预，对于自然而言总是更为合适稳妥之举。

预警原则（precautionary principle）起源于德国，于 20 世纪中后期在西方国家迅速发展。具体内涵是"即使没有科学的证据，只要假设某些人为活动有可能对生命资源产生某些危险或危害的效应，就应采取适用的技术或措施减缓或直至取消这些影响"[1]。预警原则体现在四个方面：一是在获得充足科学证据之前的谨慎行动；二是将环境损害的举证责任转移至行动的发起者，由资源利用者负责证明其计划采取的行动不会对环境造成损害；三是预警原则会产生一定的花费，因而需要对实施预防性措施可能产生的收益和花费进行计算和评估；四是目前人类还不能确切地了解环境的容纳能力和承受水平，所以有必要留出一定的环境空间，以作为人类管理环境过程中疏漏的缓冲器[2]。

生态承载力与自我修复力的不确定性决定了预警原则的必要性。生态系统所能承受的最大限度的影响是生态承载力，这种承载力或许可以借助人类的技术而增大，而某一区域的承载力也会通过生态代价转移而增大，然而在任何情况下生态系统的承载力都不会无限增大，其生态阈值或者说承载力的边界往往是不确定的，人们往往无法明确认知到某个生态系统的承载力，而一旦跨越了阈值或者说超越了承载力，那么生态系统遭受的损害是不可逆的，因此为了确保不出现不可逆的生态损害与危机，预警原则至关重要。正如罗宾·艾克斯利所认为的那样，承认我们所认识的自然是一个暂时性的，至多对真实情况的无限接近，为环境治理的预警原则提供了充足的理由；警原则是一种方便简洁的决策原则，通过这种原则能够在实际的环境协商中恰当地代表自然利益[3]。由于人类对科学和自然生态环

---

[1] 张珞平、陈伟琪、洪华生：《预警原则在环境规划与管理中的应用》，载《厦门大学学报（自然科学版）》2004 年第 8 期。

[2] 褚晓琳：《论"Precautionary Principle"一词的中文翻译》，载《中国海洋法学评论》，2007 年第 2 期。

[3] Robyn Eckersley, The Discourse Ethic and the Problem of Representing Nature. *Environmental Politics*, Vol. 8, 1999, pp. 24–49.

境认知的局限性，切实的关于环境影响的科学证据总是迟到，导致环境决策失误，人们往往在环境决策导致的自然生态及其环境的危害作用发生之后才意识到风险的存在。而由于环境损害的不可逆性，人类因此付出巨大代价，为弥补这一决策缺陷，解决代表的认知局限问题，采取预警原则进行环境协商不失为一种稳妥且合理的方式。在真实的环境协商中，我们可以依靠"代表性思维"实现生态环境在公共协商中的主体地位，但是我们不能总是依靠并确保边缘群体的利益、关切和需求获得体现，因为并不是所有的人类都关心自然的利益，因此我们需要通过某种特别机制来确保边缘群体在公共协商中的"存在"。而预警原则是解决这一问题的最好途径。预警原则作为一种程序性规范，可以在一定程度上解决环境协商民主中生态环境缺乏交往能力，处于弱势的地位，难以在协商中获得有效性诉求的困境。预警原则这种程序性规范能够有效地为公共协商中的弱势群体提供一种可行的并且具有效率的系统性代表方式。

总之，基于生态正义的视角，面对非人类他者时采取特殊的救济制度来选择环境协商主体是可行且必要的，只有这样才能避免其他协商主体肆意地追求短视的、以自我为中心的经济利益，而牺牲那些较为分散的和未被充分代表的利益，防止生态代价向那些少数共同体的不公平转移，才能抵御系统性的偏见而顾及被既存政治行为体所忽视的生态环境自身的存在利益。

第四章

协商性环境价值评估的原则与路径

环境决策过程本质上就是对不同生态服务价值的评估与选择过程。如何科学、民主地评估生态系统的工具价值与存在价值，一直以来都是环境决策必须面对的问题。因此协商民主环境决策机制的决策过程就是通过协商进行生态系统服务价值的评估与选择的过程。

第一节　协商民主环境决策机制的环境原则

协商民主环境决策机制的协商过程需要一个原则或者标准，即我们以什么样的生态标准来指导环境协商。在新时代具有中国特色的社会主义背景下，我们面临的一个重要课题就是用一种新的思维与理念来重构或认识快速变化的社会经济下的生态环境。我们认为近年来兴起的弹性（resilience）理论提供了一种全新的、更为广泛的、灵活的用以分析生态系统状态的理念、工具和方法①，较为适合作为协商民主环境决策机制的协商原则。

一、弹性话语体系

弹性一词在不同领域有着不同的内涵与意义。例如在物理领域，弹性

---

① O'Malley P, Resilient subjects, Uncertainty, warfare and liberalism. *Economy and Society*, 2010, pp. 488 – 508.

是指材料在没有断裂或完全变性的情况下，因受外力而发生形变并存储恢复势能的能力；在心理学领域，弹性则是个人或群体在受到压力时可以恢复到健康状态的能力。在 20 世纪 70 年代，随着人们对生态系统不确定性与非线性的特征理解加深，弹性概念被引入生态研究之中，具体概念是指生态系统承受干扰并仍然保持其基本结构与功能的能力。此后弹性话语体系开始形成，并在生态研究领域逐渐流行起来。在 20 世纪 80 代末期，随着复杂系统理论进入弹性话语体系，学者们开始意识到弹性话语不能拘泥于维持系统的稳定性，更应拓展到维持系统既定特征、功能与结构的重组能力等方面，于是阈值与态势等概念成为研究热点，弹性系统也开始具有多重属性特征，开始用于讨论不同生态系统的功能与结构的动态均衡。

目前，弹性话语可分为工程弹性与生态弹性两种。工程弹性是指受到损害的生态系统吸收负面影响并且恢复到原有状态的能力，工程弹性属于被动性概念，适合作为线性系统行为的分析工具，主要功能是讨论以自然灾害为核心的小概率大危害事件[①]。工程弹性主要衡量生态系统抵制扰动及其在经历扰动后返回均衡状态的速度，追求的目标是过去的均衡状态，维持的是系统的既定结构与行为特征。因而隐含着生态系统在经历扰动之前的状态是良性的、健康的假设性前提。工程弹性具有概念简单、易于理解、符合均衡假设的优点，但是也伴随着追求短期内的最优化、维持既定利益、排斥更新与变革、缺乏灵活性的不足。尤其是在环境协商民主中，我们的目标不仅仅是维持既有的生态系统状态，还包括了生态环境从非良性均衡向良性均衡的转换，因此我们更需要生态弹性作为协商原则。

生态弹性由美国生态学者霍林（C. S. Holling，1973）提出，具体是指生态系统吸收变化与扰动并且维持状态变量之间关系的能力。此后许多学者也给出了自己的定义，例如冈德森（Gunderson，2000）认为生态系统弹性是系统在其结构发生变化之前能够吸收扰动的大小；沃克（Walker，2002）则将社会—生态系统的弹性定义为系统在遭受扰动的时候维持

---

① Vale, L. J. and Campanella, T. H, *The Resilient City：How Modern Cities Recover from Disaster*. New York：Oxford University Press，2005.

其功能的能力或者是当扰动改变系统的功能结构的时候，系统保持其更新与重组的能力。① 目前生态弹性包含有三个层次的内涵：一是生态系统所能承受的不改变系统结构与功能的变化范围与程度；二是生态系统的自组织能力的大小；三是生态系统的学习与适应能力。生态弹性已经发展出了包括态势、引力域、稳定域、扰钝等在内的相对完整的概念和理论框架。所谓态势是指系统能够以同一方式存在和运转的一系列状态，此时系统虽然行为不同但具有相同的基本结构与功能，因而在弹性话语体系中，态势转变意味着一个系统跨越阈值进入系统的另一种状态。所谓引力域是指系统所有的稳定状态，而稳定域是状态空间（即构成系统的变量）中系统试图维持的特定区域。生态弹性创建了分析同一层次下系统演化的分析工具——适应性循环。适应性循环理论认为系统发展演化包括四个阶段，分别为快速生长阶段（r）、稳定守恒阶段（K）、释放阶段（Ω）、重组阶段（α）。在快速成长阶段（r）中，系统各组成部分充分利用各种新机会和现有资源来占据每一个可能的社会生态位。此时系统内部各组分之间的联系和内部约束都很微弱。最成功的系统行为参与者是能够在复杂变化的环境中迅速壮大自己的参与者。在稳定守恒阶段（K）中，系统能量与物质开始缓慢累积，参与者之间的联系日益增强，此时竞争优势从善于利用机会的参与者转移到擅长通过强化内在联系而减少外部影响的参与者，他们的生命周期更长，能更持久高效地利用资源，跨越较大的时空尺度。同时随着系统内部各组分间的联系增强，系统的发展速率降低，系统变得愈发具有刚性，而效率提高导致系统自身的灵活性降低，系统弹性下降。系统虽然能够高效运转并发挥其功能，但由于其运转方式过于单一，无法通过多种方式实现同一种功能，即丧失了冗余性。释放阶段（Ω）的周期通常很短暂，稳定守恒阶段持续时间越长则结束这个阶段所需的干扰就越小。在这一阶段，不断强化的系统各组分之间的联系会被打破，曾经紧密联系的资源被释放出来，结构损失继续扩大，最终导致自然、社会和经济资本溢出系统。在重组阶段（α）中，这一阶段充满不确定性，系统会有多种

---

① 沃克等：《弹性思维：不断变化的世界中社会—生态系统的可持续性》，高等教育出版社2010年版。

发展可能性，任何偶然事件都有可能塑造系统未来①。

通常情况下，生态系统的演进会依照快速生长、稳定守恒、释放与重组四个阶段进行，但有时系统的发展演化并不遵循这一次序，系统虽然不能直接从释放阶段恢复到稳定守恒阶段，但其他阶段之间的相互转化则是可行的。此外适应性循环具有两种相对应的模式，一是发展循环（正向循环），二是释放重组循环（逆向循环）。

（1）从快速生长到稳定守恒时期的正向循环阶段。正向循环具有稳定性高、存储能力强和善于积累资源等特点，这是保障系统稳定发展的必要条件。在这一阶段中，系统控制能力较强并且系统变化缓慢，对生态系统而言，系统状态在一定程度上是可预测的，甚至生态产品与服务的最优化选择在短期内也是行得通的，然而弹性会随着慢变量的改变而不断降低。

（2）从释放到重组时期的逆向循环阶段。这一阶段不存在均衡状态，扰动与创新持续出现。逆向循环的特点是存在不确定性、新颖性和实验性。这个阶段生态系统处于不稳定状态，很容易进入一种不良的态势之中。利用适应性循环的逆向循环，我们可以更加深入地了解各种经济系统如何演变，以及演变背后的驱动力，帮我们培养一种以系统恢复力为着眼点的管理能力。

最后为解决不同尺度系统之间的互动问题，生态弹性理论提出了扰钝（panarncy）概念。概念由美国学者冈德森提出，主要用于描述并分析人类系统和自然系统之间相互作用的尺度跨越和动态特征问题。这一理论认为每一个尺度内的系统是按照其自身的适应性循环而发展的，同时任何一个系统都是由一个运行于不同尺度间并且相互联系的适应性循环的层级结构构成的。这些系统在每一个尺度内的结构形成和动态发展都是由一组关键过程所驱动，即这组相互关联的层级结构决定了整个系统的行为。上级尺度通过记忆影响下级尺度的发展，而下级通过变革影响上级系统演进过程。具体到生态系统则意味着生态系统在遇到大规模冲击之后，

---

① 沃克等：《弹性思维：不断变化的世界中社会—生态系统的可持续性》，高等教育出版社2010年版。

其恢复与发展的路径选择也取决于所处生态系统更高一级尺度系统或层面的响应①。

二、弹性视域下的生态服务

在协商民主环境决策机制中，弹性原则可以帮助我们运用公共协商确保生态系统面临压力和突然性变化时依然能够为人类提供必要的生态系统服务。弹性原则对生态系统的状态以及生态系统和人类社会的关系方面有着自己的话语体系。首先弹性理论相信今日的世界已然进入一个人类纪（anthropocene）。经过长期的科技创新，人类的社会生产力获得了极大的解放，社会经济行为与生态环境紧密交织在一起，社会经济活动规模与范围已经极大地削弱了大自然提供生态服务的能力。今天的世界是如此之"满"，即使是小的、局部的环境退化也会影响到整个生态系统的功能与结构，故而今天的生态系统已经不能再用线性思维进行预测，而应用一个具有凸显性、非线性与不确定性的复杂适应性系统（CAS）来思考。其次弹性理论认为虽然科学技术可以帮助人类社会解决一些生态问题，但不能解决所有问题。在弹性话语体系下，无论是多么巨大的技术进步，干净的饮水，清洁的空气与食物以及各种各样的文化、娱乐和精神价值等自然资本是人造资本无法替代的。再其次弹性理论认为不同类型的生态服务之间相互联系，但各种生态服务经常是竞争性提供的，而由于同一种生态环境对于不同地区的人们而言可能意味着不同的服务功能。例如亚马孙森林对于当地民众而言意味着木材和燃料，而对于其他地区的人则意味着碳汇。在生态环境这个复杂系统中是不存在生态服务最大化状态的，也不存在在不损害他人利益之下让自己境况变好的帕累托最优的边界②。最后弹性理论相信人们对不同的生态服务有着一定的排序，并容易偏好短期的、更容易获取经济收益的生态环境服务，而忽视长期的、不容易获取经济利益的

① Lance H, Gunderson, *Panarchy*: *Understanding Transformations in Human and Natural Systems.* Island Press，2002.

② Levin, S. A, Complex Adaptive Systems: Exploring the Known, the Unkown and the Unknowable. *Bulletin of American mathematical society*，Vol. 40，1997，pp. 3 – 19.

生态服务。因而环境决策不能追求某一种生态服务供给的最大化，而是需要在不同的生态系统服务中找到一个平衡点[①]，构建更加合法且更容易被各方接受的生态系统服务的方式就是公共协商。环境决策的协商转向不仅能够平衡各种竞争性的环境友好概念，同时也能够实现生态系统服务的持续性与弹性[②]。至于如何在环境协商过程中体现弹性理念则可以从如下几方面给予考虑。

（一）生态系统的多样性与冗余性

生态系统的结构多样性与功能多样性可以增加生态系统服务的可靠性与应对外部变化与压力的能力，因而在环境协商过程中我们要注意生态系统的多样性。生态系统的多样性来源于种类（variety）、均衡（balance）与差异性（disparity）三个方面。种类指的是生态系统中物种的数量；均衡指的是生态系统内各个物种的相对丰富程度；差异性指的是生态系统内各个物种之间功能的差异性程度。一个健康的生态系统必然是多样性的，具有好的多样性特征的生态系统可以为应对变化与扰动提供更多选择，相较于简单系统而言更能抵抗变化与压力。由于是人类的社会经济活动导致了生态系统多样性的丧失，因而生态系统的多样性很大程度上取决于人类社会经济活动的多样性。或者说人类社会在生态系统价值与观点的异质性与多样性有益于生态系统弹性。在环境协商过程中注意保持生态系统的冗余性是另一种有益于维护生态系统弹性的方法。生态系统的冗余性是指生态系统内部组成部分的复制或者途径的多元性特征，取决于生态系统内具有同样功能的元素或者组成部分的数量。一个生态系统中具有同样功能的不同系统构件形成的冗余为生态系统功能的稳定性提供了保险，从而可以在某个部分受损无法提供功能时其他部分能够弥补空缺，且不同的规模、生命周期和空间尺度的冗余意味着不同尺度的弹性，回应着不同生态系统规模和方面的变化。

[①] Robards. M. L. , The Importance of Social Drivers in the Resilient Provision of Ecosystem Services. *Global environmental change*, Vol. 21, 2011, pp. 522 – 529.

[②] Reinette Biggs, *Principles for Building Resilience*. London：Cambridge university press, 2015, P. 45.

当然某些多样性与冗余性会增加系统的复杂性并造成一定的效率降低。因而需要在冗余性、多样性与有效的生态服务之间发现一个平衡点，我们认为最有效的方式就是公共协商。任何人都不可能完全理解生态系统，而不同的生态服务使用者可能对生态系统的某一个部分的变化更为熟悉，因而环境决策者的多样性可以提升决策者对生态系统服务的认知。知识与经验越丰富，可能的应对方法越多，也有更大的可能碰撞出新思路。

在充分认识到冗余性和多样性对生态系统弹性的重要性之后，下一步则需要讨论如何将冗余性和多样性融入协商民主环境决策中协商过程之中。具体包括如下几方面：（1）随时关注提供生态服务的生态系统状态与范畴。生态系统的状态以及其所提供生态服务的能力和范畴都是动态的，同时人们对生态系统的认知也应与时俱进，这是了解并实现生态系统多样性的基础。（2）实现低成本冗余。生态系统的冗余并不会给生态系统自身带来成本，与生态系统不同，冗余会给人类社会的环境治理带来成本，也会影响人类社会可以获取的生态服务数量，低度性冗余可为人们攫取生态服务提供更多空间，因而我们需要在环境协商中寻找一个实现低程度冗余的路径很有必要，一般情况下可以通过保持生态系统中关键物种的健康来实现低成本的冗余。所谓关键物种是指如果一项生态系统服务功能源自一个或几个物种，而且这些物种在生态系统中的功能无法被其他物种替代，那么这些物种就是关键物种。在此我们用加勒比地区的珊瑚礁为例加以说明。草食性鱼类和海胆对加勒比珊瑚礁具有同样的生态功能。在草食性鱼类和海胆都健康的背景下，即使存在着一定限度的过度捕捞，珊瑚礁生态系统也可能不会受到毁灭性的破坏。但是一旦草食性鱼类消失，只剩下海胆发挥相应功能的时候，珊瑚礁就丧失了系统的冗余性和功能多样性。一旦海胆遭遇灾害性疾病或过度捕捞，那么珊瑚礁就会被海藻所覆盖，珊瑚礁生态系统也就崩溃了。（3）抛弃效率标准。符合适应性生态弹性的环境协商需要从单纯追求生态资源利用效率转向追求生态系统的弹性。要想实现这些就需要通过公共协商来理解生态系统中冗余性与多样性的角色与功能，并发展具有操作性的用于测量与评估多样性与冗余性的工具，而实现这一目标的方式就在于通过公共协商将地方性的经验性知识与来自学术界的科学性知识有机结合，协商各方共同评估在不同的生态系统与不同的尺度和功能的境况下，"多少"冗余性与多样性是充足的，甚至说就足够了。（4）生活方式的多元性。人类活动尤其是生活来源的多样性可以缓解社会对某一项生态系统服务功能的需求强度，增加生态弹性，也有利于社区居民应对持续性的社会经济变化。例如，对于一个渔村而言，如果人们的收入来源不仅仅来自打鱼、卖鱼，还包括生态旅游等其他来源，相对而言就会对渔业生态系统的资源服务产生较小的压力。此外即使是同一类型生态服务需求者也会因具体利用者的异质性而提高生态系统的弹性。

（二）管控生态系统的联系性

系统的联系性[①]与系统的健康度存在着复杂关系，好的联系可以促进系统在遭受扰动与冲击时迅速恢复系统功能，而坏的联系则可能导致危害在系统内迅速传播导致系统崩溃。弹性话语下的生态系统联系性指的是社会—生态系统中生态资源、物种和社会参与者在斑块、栖息地或者社会领域之间迁移、散播和互动的结构与强度。联系性可在两方面影响生态系统弹性。一是不同组件间的互补性，即一旦某一生态系统的关键物种缺失导致相应的生态功能丧失，那么联系性会让其他部分填补相应的角色与功能，例如区域性生态物种消失可以通过周围区域物种的入侵来弥补（救援效应）。二是不同组件或系统间的阻断性。当生态危机出现蔓延趋势，断裂联系可以阻断冲击传播，实现生态系统服务的弹性。换句话说即联系性对生态弹性具有双面性，既可以提升系统遭受扰动后的恢复能力，同时也会增加风险扩散的潜在性。恰当程度的联系性有助于预防生态功能丧失，但是过度的联系性则增加生态系统遭受冲击与扰动的概率。

同生态多样性与冗余性一致，在协商民主环境决策机制中运用联系性增强生态系统服务弹性的基础也在于背景依赖性。具体实践可从如下几个方面加以思考：（1）实现系统联系的可视化：在充分了解生态系统的节点、尺度和互动性特征基础上，利用可视化分析工具描绘生态系统的联系

---

① 生态系统的联系性特征主要取决于生态系统的机构多样性，同时随机网络、嵌套网络和模块网络等不同的网络结构也影响着生态系统服务的弹性。

结构，分析其是随机结构、嵌套结构还是模块结构。（2）确认系统内的不同部分的特征：运用网络分析工具确认协商所在生态系统中的关键物种、重要节点和与世隔绝的斑块，从而确认生态系统脆弱性所在和依然具有较好弹性的部分。（3）维护联系性：保护生态系统联系性的途径在于创造网络节点或维护既有的关键性节点。例如打造维护不同景观或斑块之间的生态走廊，在生态脆弱地区设置缓冲带，维持同一景观内的结构复杂性等。

（三）重视生态系统的慢变量

在生态系统提供服务的过程中，其结构、组件和功能的变化时间并不相同，有的快，有的慢。以森林为例，提供林木、粮食等物质性生态服务多为快变量，而防止土壤腐蚀、水系的富营养化等生态调节服务一般属于慢变量①。研究表明生态系统组态决定着一个生态系统所能提供的生态系统服务包的类型与大小，而慢变量往往是决定生态系统组态的核心变量。在一定程度上生态系统提供的生态服务功能是稳定的，对外部冲击与扰动具有一定的适应能力，然而如果慢变量变化不断累积导致其跨越了阈值，那么就可能造成巨大的变化从而形成新的组态，相应的生态服务也将发生巨变。

为应对生态系统慢变量对生态系统弹性的影响，任何一种环境决策机制都应该了解在当前的生态系统状态基础上，多大程度与范围的冲击与扰动能够造成生态系统中的慢变量跨越阈值。为弥补这一缺陷，就需要在协商民主环境决策机制中建立一种可以了解并监控反映生态系统慢变量状态的机制。通过监控影响生态回馈的冲击源的影响程度、变化情况以及相应的反馈过程，我们可以了解当前慢变量距离阈值的远近，从而为最后的环境决策提供必要的基础。在协商民主环境决策机制中监控慢变量是一项具有创新性的工作，具体的制度设计可从如下几个方面加以思考：首先各协

---

① 生态系统中的慢变量与快变量都是相对的，在一个系统层次是快变量，在另一个层次上可能就是慢变量。跨越阈值就意味着生态系统态势的转变，意味着生态系统服务的剧烈变化，而且当系统跨越阈值之后，原先主导性的回馈过程就会消失，之前非主导性的反馈过程就会成为主导性过程。历史已经告诉我们，人类社会总是重视生态系统的快变量，而忽视慢变量。

商主体需要能够理解生态系统在什么样的情况下会发生态势变化及其将如
何影响生态系统服务功能。目前我们在解读人与自然关系的时候经常是基
于功能的一对一、线性分析，因而导致我们对生态系统慢变量和回馈过程
的理解是总是有限的。其次针对系统慢变量和回馈的监控在理论上看起来
很容易，但在实践中则并不简单。规模、主体等方面的错配，时间过短和
规模过小造成的信息量不足等因素都会让慢变量监控出现如下三个不足：
一是缺乏明确监控过程的目标；二是监控设计并不足以确保监控可以发现
生态系统的变化与趋势；三是在对监控结果进行客观解读之前难以避免政
治操纵。比如，大规模的森林监控对木材供应管理是有效的，但是由于缺
乏动物数量以及森林生物之间的互动性的关键性信息，在回答砍伐量对整
个森林生态系统的影响时则效果不足。

为解决这些缺陷，首先需要进行大量的实践经验总结，例如学者沃克
与迈尔（Walker and Myer，2004）通过整理大量的态势转变实例，较为系
统地讨论了不同生态系统如何发生态势转变以及相对应的生态系统服务变
化。学者莱德（Lade，2013）从生态系统资源服务与资源开发者之间的非
线性关系角度讨论了生态系统崩溃的原因。其次要在协商民主环境决策机
制的协商过程中将短期思维转变为长期思维。慢变量和相关的回馈过程总
是有意或无意地被我们忽视，一方面是其本身难以观测或预测，另一方面
更是因为人类的短视意识所致。虽然可以通过长期的统计分析来观察并预
测生态系统的慢变量和临界状态，只是这需要长期的大量的数据积累。同
时也要在环境决策中引入阈值、慢变量、反馈等概念，并将其纳入各级治
理机构的政策框架之中。在这一过程中，尤其要注意不同层次与尺度系统
之间的影响，比如对于一个区域性的社会—生态系统而言，其融入全球化
的进程会破坏既有的回馈过程，可看出这甚至可能是需要一代人才能完成
的工作。

（四）培养复杂系统性思维

在工业文明时代，我们人类乐观地相信自己可以对生态系统不同部分
的功能进行分解式的线性预测，而且只要科学技术发展充分，我们甚至能
够控制生态环境。正是工业社会这种盲目自大的生态认知造成了今天的生

态危机。协商民主环境决策机制是在生态文明建设话语下的环境决策机制，其必然不能再固守传统的生态环境认知思维。在生态文明话语下，人与自然是生命共同体的关系，人们应当尊重自然、顺应自然，而不是控制自然。因而在生态文明话语下，生态系统属于复杂适应性系统范畴。所谓复杂适应性系统（complex adaptive system，CAS）是一种认为系统演化动力源于系统内部的认知框架。复杂适应性系统反对还原论，主张整体论，认为系统各部分高度联系，既有个体变化也存在集体变化，具有自组织和自我演化能力，经常出现不同的特征。

目前复杂系统思维已经应用在生态环境治理实践中[①]，当然作为一种新的环境治理思维，其普遍应用必然需要较深的实践积累，毕竟这是属于思想范畴中价值观的转变。约翰·德雷泽克（John Dryzek，2006）就曾经指出，一个社会的集体认知是可以建构的，可以通过有效的话语，通过语言、权力结构和隐喻以协商的方式形成。协商民主环境决策机制的环境协商过程就是一个实践过程，通过公共协商，人们可以改变认知模式，忍受或拥抱变化并最终形成新的环境决策思维。而为了实现这一目标就需要人们在环境协商过程中发展容忍不确定性的文化与建构合作性的知识体系。具体有以下几个方面：（1）发展容忍不确定性的文化：与传统治理强调稳定、反对变化的理念不同，复杂适应性系统思维理念是拥抱不确定性、变化和变化性，认为变化与扰动是系统发展的必然，更是创新的源泉。经验表明，环境愿景是一种有效的回应未来不确定性的方法。（2）建构合作性的知识体系：复杂系统思维承认不同利益相关者的知识传统，既认可专家经过理性实验得到的科学知识，也相信普通民众经过长期观察得到的经验教训，由于在环境协商过程中，每个协商主体都有自己的价值偏好与知识系统，人们之间的环境协商过程就是合作性知识体系的建构过程。通过协商建构的知识体系，协商民主环境决策可以更好地了解生态系统的变化情况，分析生态系统的阈值。（3）我们应当在协商民主环境决策机制的协商过程中，改变过去环境决策中认为生态系统属于线性、局部性的思

[①] 南非的克鲁格国家公园和匈牙利的再生水项目、德国与荷兰的与河流共生项目等。

维定式，注重生态系统内外部之间的联系性、系统内部的非线性变化潜力和天然的不确定性与凸显特质。

（五）协商过程中的社会习得

社会—生态系统是一个始终处在不断变化中的复杂适应性系统，因而人类社会对生态系统的理解永远只能是局部的、有限的。因而保持生态系统的弹性必然需要一个持续的学习过程。与一般的学习概念不同，协商民主环境决策机制中的学习是多维学习，包括了获得新信息与知识，记忆，获取事实、技能与方法，对知识进行不同的理解等诸多方面。更为重要的是环境协商中的学习并不同于传统的单环学习与双环学习，而是一种三环学习。单环学习回答了"我们做的事情是否正确"这一问题，双环学习回答的是"我们是否在做正确的事情"这一问题，而三环学习思考的则是"我们如何知道我们在做正确的事情"。三环学习不仅仅是一种知识获取过程，更是世界观、价值观的重构过程，可以从根本上改善现有的生态环境决策机制。

环境协商中的社会习得是一个持续性的长期学习过程，其需要通过持续性的生态实验和监测、协作性的知识生产与合作治理等路径才能实现。环境协商中的学习包括了知识与价值两方面。在环境协商民主的学习过程中，科学只是用来说明生态系统假设或者说未来发展情况的选择范畴，不同的生态价值也是人们学习的内容。

环境协商中的社会习得并不是免费的、一蹴而就的，其需要一定的基础条件，并付出一定的学习成本。一方面，实践表明影响环境协商的因素包括了学习者之间的权利关系、学习的规模与成本等方面。权利关系影响着学习如何形成这一问题，包括谁在学习、学习者之间的关系以及学习的类型、学习的知识范围等。尤其是在环境协商的学习中，明确什么知识被接纳，什么知识被排斥至关重要。许多学习过程表明正是因为权利的不平等才导致了所谓科学性的生态知识总是凌驾于地方性生态经验之上，也总能看到享有权利者通过主导甚至操纵具体的学习过程，误导协商共同体中其他人的声音。另一方面，针对生态系统的社会习得的完成需要恰当的领导者、协商者之间的信任、网络化的社会组织以及相应的人力与金融资本。此外因为生态系统领域的社会习得①经常在短时间内付出的成本会超过生态监控获取信息的价值。因而在生态监控、实验的学习过程中需要恰当规模上的合作与长时段并且反周期的资金、政治目标。总而言之，生态系统的社会习得是一个长周期现象，这是在追求短期效益的现代社会中我们必然需要面对的问题。

第二节　协商性环境价值评估

生态服务是人类生存和发展的基础，人类社会无论是物资层面的生产，抑或精神层面的生活都与生态系统服务息息相关。在社会经济生活中系统全面地体现生态系统服务价值是人类实现可持续发展的必然选择。无论我们是否承认，经济发展在任何国家与区域都是首要社会目标。禁止经济发展的生活虽然简单，但会非常贫困。瓦尔登湖边小木屋的生活对梭罗具有吸引力且其能够承受，但是大多数人并不喜欢这种生活。保护自然不是禁止利用自然资源，而是如何在经济发展与环境保护之间形成良性互动。

一、生态系统服务价值

科学合理的环境价值评估需要正确体现时代特征的人与自然间关系。生态系统服务价值评估是一个逐步发展并完善的过程，经历了一个从无评估到有评估，从市场化评估到非市场化评估，再到协商性评估的演进过程，体现了人类社会对生态服务价值认知的深化与完善。环境价值评估是对生态系统服务的整体性价值评估，而不是仅限于某一部分的生态系统服务价值的评估。这不仅是道德正义的问题，也是人类生存与发展的必然要求。新时代中国特色社会主义理论指出人与自然的关系是一种生命共同体

---

① 目前强调社会习得的环境治理实践为适应性合作管理（adaptive co-management），环境治理模式可以作为环境协商民主的借鉴。其既包含了适应性管理的在持续性的实验和监测中的学习优势，又容纳了合作管理从不同利益相关者之间互动得到的价值分析过程。通过适应性协作管理，已经取得了价值观与社会标准的变化，以及围绕共同环境关注的集体行动。

关系，人类需要尊重自然、敬畏自然和顺应自然，这就要求人类社会承认并尊重生态环境的全部价值，既包括可以给人类社会带来直接效用的工具性价值，也包括大自然自身的存在价值，因此我们认为选择一种更能反映生态系统服务全部价值的价值评估工具是一个好的途径。

（一）生态系统服务价值体系

生态系统是一个具有整体性且各部分相互耦合的动态系统。一个完整的生态服务价值体系应当是劳动价值、效用价值与存在价值的结合体系。目前在这一领域运用较为普遍的是学者皮尔斯（Pearce，D. W）的全经济框架（total economic value，TEV）[1] 和克鲁梯拉（John Krutilla）的两分法[2]。（1）全经济框架：这一框架将生态系统服务总体价值分为使用价值与非使用价值两种类型。使用价值包括直接使用价值和间接使用价值，非使用价值包括遗赠价值、存在价值和选择价值，即 EV = UV + NUV =（DUV + IUV + OV）+（EV + BV）。这一分析框架同时也意味着使用价值代表着私人或准公共物品，非使用价值则意味着公共物品特性。（2）舒适性与资源性服务分类（两分法）：这种分类方式由环境与资源经济学奠基人——美国未来资源研究所的经济学家克鲁梯拉（John Krutilla）提出，他将环境价值分为两部分：一是比较实在的、有形的物质性商品价值；二是比较虚的、无形的舒适性服务价值。有学者认为价值分类并不能反映生态系统服务的全部价值，也不利于生态服务的整体性价值评估。然而我们认为由于生态系统的复杂性和不确定性，整体计算环境价值并不现实。根据生态的功能和作用将其分解成有形的不同类型的价值也是一种次优选择。

生态系统服务价值离不开人类需求状态、生态环境的稳态与区域特征等因素。首先按照马斯洛的需求结构论理论可知，人的需求是由生理需求、安全需求、社会需求和自我实现需求构成的。只有同一层次的不同要求之间才可能有部分的双向替代性，而不同层次的需求之间只能是低层次

---

[1] 这一分类方法目前被经济合作与发展组织（OECD）、联合国千年生态系统评估（Millennium Ecosystem Assessment，MA）采用。详细内容参见大卫·皮尔斯：《绿色经济的蓝图》，北京师范大学出版社 1996 年版。

[2] John V. Krutilla, Anthony C. Fisher, *The Economics of Natural Environments*：*Studies in the Valuations of Commodity and Amenity Resources.* Washington DC：RFF Press，2015.

需求对高层次需求的单向替代。不同的经济发展水平决定了不同的需求层次，也决定了不同的生态服务需求。经济发展水平越低，人们对经济性的生态系统服务需求更大，其他层次的需求替代性就越高。换句话说，经济水平高的地区对生态服务的绿色价值和生态价值具有较高的需求，而贫困地区则在生活压力下更加需要生态系统的资源性服务。其次不同的生态系统稳态意味着不同生态服务供给空间，也代表着不同的价值评估基础与原则。一个生态系统在未跨越阈值或者距离阈值较远的状态下，生态系统弹性较大，能提供的生态服务也较为充足，生态服务价值属于线性预测价值，生态系统服务评估原则可以强调效率；反之当生态系统处在阈值边缘甚至跨越了阈值的时候，能提供的生态服务空间与能力下降，生态服务价值变成一种非线性的价值预测行为，相应的价值评估原则也必然从效率转向保护。最后无论我们承认与否，生态系统服务具有区域性特征。由于历史和现实的原因，一些生态服务在某些地区是充足的，而在其他地区则有可能是稀缺的，同一种生态系统服务会由于不同区域的服务稀缺程度、使用成本与人们的偏好，产生不同的生态服务价值评估结论，这就要求生态系统服务价值的评估需要因地、因时制宜。当然有些生态服务问题，例如全球气候变暖、生物多样性的丧失等，由于其不具有局部服务价值特征，因而其价值评估应当始终以保护为第一原则。

（二）环境价值实现机制

长期来看生态服务具有整体性、不可分割的特性，但在短期内却又具有提供分离性服务的能力。基于不同的市场化和量化难度，不同的生态价值需要不同的发现与实现机制。如果从经济化难易角度考虑，生态系统服务价值由经济价值、绿色价值和生态价值三个层次构成。经济价值表达的是生态系统提供给人类生产生活所必需的资源性商品和服务；生态价值则主要表现为人类生活废弃物的回收场所、不可再生资源的储藏室和可再生资源的生长地等调节性服务；绿色价值表达的是为人类社会提供清澈的河流、洁净的空气、怡人的风景等精神性的商品与服务。

理想的生态服务价值实现机制包括两方面层次，一个层次是可持续规模与公平分配方面达成社会共识，一个层次是选择市场或其他社会制度实现有效分配。前者是后者的基础和前提，而后者是前者的具体实践方式。前者的功能主要是在秉承环境正义的基础上确立全社会共同的资源池和污染池，而实现这一目标的方法就在于将环境价值评估引申到政治领域，将价值评估演变成为政治过程，将环境价值评估从好与坏提升到对与错的层次。后者的功能则在于如何通过有效的机制实现生态服务的有效配置。总体而言对生态服务的有效配置最好的机制在于科学合理的市场化，而对难于市场化的绿色价值与生态价值可以利用虚拟市场化采用效用性指标方法加以实现，或者通过社会调查获取支付意愿（受偿意愿）等方法加以实现。

（三）环境偏好引导机制

不同的生态系统服务价值映射到人们身上就是人们的环境偏好，其也是人们环境行为的背后动机。偏好概念源于经济学领域，本意是指人们在权衡后对收益和风险的态度，将其运用到生态环境领域则可以定义为人们对生态系统服务的效用与风险的认知与理解。环境偏好可以分为个人环境偏好与集体环境偏好两种。个人环境偏好认为人们的环境偏好是既定的，且短期内不会发生明显变化。在这一认知基础上，最大化的社会环境效用是个人环境偏好的简单加总。与个人偏好不同，集体偏好是共同体的环境价值映射，集体偏好并不是既定且固定的，并且也不是个人偏好的聚集，而是通过集体协商讨论形成的。不同的环境偏好适用于不同的偏好引导机制。个人环境偏好由于是消费性的个体偏好，因而适用于市场与准市场的偏好引导机制，比如间接市场评估就是通过观察个体的相关市场行为获得人们的生态系统偏好。只是市场化的偏好引导限制了个人可以表达的环境偏好类型，存在着认知与民主赤字的风险，而且也无法回应长期的环境问题。总之，生态服务的公共物品特征决定了单纯依靠市场与准市场无法引导出全部的环境偏好，需要将环境偏好引导引入公共领域，将公共协商机制发展成为一种新的偏好引导评估机制，通过社会对话与共识建构形成新的社会性的生态价值与偏好，使得人们在面对环境选择的时候从我愿意支付多少，转化成我应当支付多少。

二、传统的环境价值评估方式

生态危机肇始于工业化大生产阶段，产生于人类的经济发展需求与生态系统服务供给能力的矛盾。长期以来传统经济学的效用价值论造成了生态系统服务的低价，甚至没有价值，导致了今天的生态困局。为解决这些问题，人们相继发展了从市场到准市场，再到意愿价值评估的多种价值评估工具。

（一）市场化价值评估范式

在市场化价值评估范式中，生态系统的服务价值来源于其对人类的有用性，而价值大小则决定于生态服务的稀缺性和开发利用条件。在工业化之前，由于生态服务供给量远远超过人类需求，生态服务并不稀缺，绝大多数生态服务作为免费物品被排斥在经济分析之外。随着人类经济活动的指数化增加，人类经济发展与环境保护之间的矛盾日益凸显，生态服务成为稀缺物品，生态危机开始出现。于是以环境经济学为主的经济学家开始将环境关切融入主流经济分析之中，希望通过这种融合实现经济发展与环境保护的双赢，经济学家都是市场信奉者，其解决生态系统服务价值评估的途径就是建构生态服务市场，把生态系统提供的各种服务商品化和市场化。经济学家们坚信市场化能够将人们的环境行为的负外部性内部化，纠正私人成本、社会成本的不一致。目前市场化价值评估方法主要包括基于市场的方法、重置成本法和生产函数法等①。

一方面通过市场机制进行生态资源的有效配置需要一定的前提条件。一是提供生态服务的生态系统具有可操作的、明晰的生态产权和保障机制，二是市场能够实现生态产品的价值与价格的基本一致。这两个前提条件在生态服务领域均有着理论与实践困境。科斯定理指出，如果初始产权明确且交易费用为零，那么可以通过产权交易以外部成本内部化的方式让使用者承担其经济行为造成的所有社会成本，实现私人成本与社会成本一致。这在主要提供公共物品的生态环境领域有着天生的不足。自然资源产权结构独特且复杂，不同的产权结构对自然资源的合理配置发挥着完全不同的作用。由于生态服务的多元性、不可分割性以及生态完整性等特点，

---

① 基于市场的方法就是可以在市场上充分交易的生态服务；重置成本法则是在生态服务消失后人类重新建造该服务所需要的价值；而生产函数法则主要是生态服务能够为生产和服务提高的增加值价值。

明确一种生态系统服务产权意味着对其他价值形态的合法侵权。这种侵权或不可测量，或因为测量费用过高不具有实操性。

另一方面市场进行有效资源配置机制的核心在于价格的真实性，即价格能够有效反映物品的稀缺性，也能够较为准确地反映价值。而在生态环境领域，市场这只"看不见的手"在进行生态系统服务定价的时候，价值与价格总是存在着不相符的情况。市场上商品的价格是由物品供需关系决定的，而非其对人类社会的价值。以水和钻石为例，由于水的供给充足，那么无论水对人类的生存多么重要，其价格也很低，有时甚至可以是免费的。与之相反的是，由于钻石的供给量远远小于人类社会的需求量，因而市场价格极高。经济学核心是利用有效的市场机制体现商品与服务的稀缺程度，反映的是边际购买者的有用性，而非其物品对人类社会的真实价值。正如著名经济学家梅纳德·凯恩斯曾经说过的，人类无法通过市场机制让自己变得富有，因为市场只关注价格，却忽略了真正重要的价值。我们大肆破坏美丽的村庄，因为它没有经济价值（也就是价格），出于同样的理由，我们对大自然也采取了漠视的态度。①

（二）准市场化评估范式

在真实市场无法反映生态服务真实价值的境况下，经济学家们发明了一些准市场化方法，希望可以更好地发现并实现生态服务价值，从而形成人们保护生态环境的正向激励影响。所谓准市场化环境价值评估是在无法直接利用市场求得某项生态系统服务价值时，通过直接观察、问卷调查等方式计算生态服务价值的方式。通常情况下，准市场化评估主要针对的是对生态系统的舒适性服务价值的评估或计量，寻求的是人们的支付意愿（WTP）或受偿意愿（WTA）。目前准市场化价值评估主要分为间接市场评价法、揭示性偏好法与陈述性偏好法三种途径。

（1）间接市场评价法：从直接受到影响的物品相关信息中获得支付意愿或受偿意愿。其主要思路是将环境质量看成一个生产要素，主张环境质量变化会改变生产效率和生产成本，从而导致产品价格和产生水平也随

---

① Bronwyn M. Hayward, The greening of participatory democracy: A reconsideration of theory. *Environmental Politics*, Vol. 4, 1995, pp. 215 – 236.

之变化，而价格和产出的变化是可以测算的。如果市场价格不能准确反映产品或服务的稀缺特征则采用影子价格进行代替，这一途径目前主要包括人力资本法、影子工程费用法、重置成本法等。

（2）揭示性偏好法：通过观察人们与市场相关的行为，特别是通过在与环境联系密切的市场中人们支付的价格或得到的收益，间接推断出人们对环境的偏好和支付意愿，以此来估算环境质量变化的经济价值，目前这一方法包括旅行费用法、内涵资产定价法等。

（3）陈述性偏好法：通过问卷调查推导出人们对环境资源假想变化的评价。在缺乏真实的市场数据，甚至也无法通过间接地观察市场行为来赋予环境资源价值时，通过问卷调查的方式收集人们对自然资产的价值评估，然后利用这些数据推断出整体价值①。目前这一方法主要包括意愿价值评估（CV）和选择实验法（CE）两种类型。

上述环境价值评估固然弥补了市场化评估的不足，但其自身也并非完美无瑕。首先人们在面对复杂生态系统的时候并不能清晰地了解自己的真实偏好。个人在相对短暂的调查和访谈过程中对环境变化进行货币化的价值评估，主观上是困难的，客观上是存在偏颇的。比如学者施特恩（Stern，2005）指出在实际的意愿价值评估中由于被调查者缺乏足够的信息，无法形成正确与合理的价值评估，自然也就无法形成真正的支付意愿。其次即使是意愿价值评估也难以回应社会公平和代际公平问题。意愿价值评估建立在个人偏好基础之上，人们的生态偏好被简化成个人的功利性偏好的集合。这种竞争性的价值评估体系必然将道德、政治与科学和技术相分离，从而产生天然的忽略公平原则的特征，排斥共享性的多元化的公共价值。

总而言之，由于现有市场化与准市场化环境价值评估手段的不足导致生态系统服务价值在决策中被忽略或者被低估，也正是处于这种长期以来的价值忽视与低估状态，部分生态系统服务（主要是舒适性服务）成了事实上的免费品或开放性资源，私人成本与社会成本严重背离，生态系统

---

① 李金昌：《价值核算是环境核算的关键》，载《中国人口·资源与环境》2002 年第 3 期。

因此遭到了严重的破坏，人类面临着前所未有的生态危机，从而需要一种可以全面反映生态价值，并具有环境正义考量的新型环境价值评估工具，而社会性公共协商则摆脱了简单的个体偏好，能够将微妙且含蓄的生态服务价值展现出来。

（三）协商与环境价值评估范式

虽然意愿价值评估等方法可以解决一部分生态系统服务价值被忽视与低估的问题，但依然有一些基础性的、非使用性的生态服务价值无法得到应有体现，而以公共协商为核心的协商性环境价值评估机制可以矫正市场在配置生态系统服务方面的失灵，是一种综合了经济手段与政治过程的生态服务全价值评估方式，具有更好的生态价值与风险认知能力。协商性价值评估属于政治性评估，因而可以将价值评估从成本—效益分析的局限中解脱出来，拓展环境价值评估的正义性。实证研究表明，公共性的环境协商不仅可以提高环境决策受影响的参与程度，促进形成互相理解、共享的环境价值、观点和知识。同时也能通过增进参与者的经验来提升对决策的理解度与接受程度，降低决策执行成本。一个建设性的、协商性的与话语性范式能够解决意愿价值评估在环境领域的技术性难题，类似于陪审团的强调知情讨论与共识共建的方式可以作为意愿价值评估的替代性选择或补充。

相较于市场化的生态服务价值评估，协商性评估有着自己独特的价值与风险认知优势，可以更好地回应环境问题中的多元性与不可通约价值冲突[1]，协商擅长将复杂问题的不同观点与价值整合在一起[2]，以促进公共利益导向的价值表达与诉求并且抑制个人的自利价值诉求[3]，提升环境决策的过程合法性与降低争议性[4]。

---

① Kenter, Jasper O. et al., What are Shared and Social Values of Ecosystems? *Ecological Economics*, Vol. 11, 2015, pp. 86 – 99.

② Danie Bromley, *Sufficient Reason*, *Volitional Pragmatism and The Meaning of Economic Institutions*. New Jersey: Princenton University Press, 2006.

③ Arild Vatn., An Institutional Analysis of Methods for Environmental Appraisal. *Ecological Economics*, No. 68, 2009, pp. 2207 – 2215.

④ Lo, Alex Y, Analysis and Democracy: the Antecedents of the Deliberative Approach of Ecosystems Valuation. *Environment and Planning C – Government and Policy*, Vol. 29, 2011, pp. 958 – 974.

1. 形成集体环境利益。

个人基础上的支付意愿并不能完全反映自然环境的集体性意义与重要性，因而会潜在地忽略一些重要的共享性的生态环境价值。与个体化的价值评估不同，在公共协商的公开性和道德性要求下，协商性环境价值评估中的协商者角色不再是环境消费者，而是希望通过组织化讨论达成相互理解与共同的环境问题解决方案的公民。人们的目标不再是做喜欢的事情，而是做对自己有利的事情，做有利于生态环境的事情，给出具有道德关怀的选择。人们表达的环境价值意愿不再是私利导向，而是公利导向，最终给出的环境决策也是有利于集体的环境利益。即通过协商讨论形成一致的道德决策，而不仅仅局限于货币价值，科学合理的生态价值评估并不是个体价值的集聚，而是评估者通过协商讨论，获取对整个社会最合理、效益最大的结果①。

2. 解决环境信息不足问题。

一项环境决策对生态系统服务的影响是复杂的，其可能是对单个动物与植物产生影响，也可能是对地区性生态群落产生影响，甚至可能对整个生态系统产生影响。即使是同一项环境决策也会对不同层次的生态产生不同的影响。进行生态风险分析最为关键的是了解其如何影响生态系统功能，在不同时空维度上生态系统之间存在着复杂的相互联系，尤其是一些重要的影响总是存在间接的、延迟性的特点。因而许多风险无法被正确理解，不确定性始终存在。一方面公共协商机制能够弥补既有环境评估的风险认知不足。通过集体讨论，环境价值评估者相互交流信息，可以形成更为丰富的"信息池"，促使个人摒弃自己的有限认知，利用理性讨论来形成共同的生态风险认知。换句话说就是公共协商过程可以让评估者获得更有价值的信息，并能够给予评估者更多的考虑时间和协商机会，加深了协商者对被评估的环境物品的理解程度，有利于评估者形成更加理性真实的偏好，从而提高评估结果的科学性。另一方面协商者也可以在公共协商中学习生态环境知识，了解他人的知识与价值诉求，从而更加理性地发表自己的知识与观

---

① 王朋薇、钟林生：《协商货币评估法在生态系统服务价值评估中的应用》，载《生态学报》2018 年第 8 期。

点，也会使自己在面临政策选择时能够考虑他人诉求，因为公共协商能够创造更容易激发包括权力与责任、平等与公平以及超验性的生态价值。

3. 更好地表达环境道德。

公共协商在生态环境价值评估方面有着天生的道德考量优势，为非效用观点和超验性生态价值提供了发展空间。经济学家认为人类行为是一个静态模型，假设个人具有既定的偏好和完美信息，则其行为具有最大化效用的理性。而政治过程则是一个过程，强调信仰和观点是可以学习并且建构的，每个人则是复杂且容易犯错的。协商性价值评估将两种评估方式融合在一起，为人们提供了最好的环境行为风险认知机会[1]。当聚集偏好的时候，有的时候是在同一个价值维度中进行，有的时候却需跨维度进行。传统的经济评估方式的前提是需要政治、生态、文化与经济不同维度的价值具有完全的弥补性，但是无论是生态理论还是管理实践都已经证明不同价值之间的完全通约性并不成立，因而如果想让跨维度的环境决策形成合法性，则利益各方需要坐下来协商各种不同价值的重要性与紧迫程度，从而实现价值排序的合理性与合法化。在公共协商中，人们聚集在一起说出自己的价值需求、偏好和关切。讨论过程中也没有主导性的价值观与偏好，人们是以共同体成员的身份说出自己的价值与偏好，然后各方或者讨价还价，或者讨论出共同偏好。因为公开、公正的讨论程序，人们对决策具有更高的认可度，并且也容易形成价值均衡。即协商机制虽然无法让冲突性的价值立场相互兼容，但是能够实现冲突性价值的和平共处[2]。

当然也有学者对公共协商的优势提出了质疑，认为导入协商机制将自己的偏好与偏好背后的原因暴露出来有可能造成个人真实偏好的扭曲，也会让个人不得不接受自己并不喜欢的所谓的崇高的社会目标，更有甚者因为一个集权政府可能通过操纵集体偏好来满足所谓精英人群的偏好，而忽略普通民众的偏好。我们则认为任何个人的偏好都会受到外部因素的影

① Howarth Zagrafos, Deliberative Ecological Economics for Sustainability. *Govenrance*, *sustainability*, 2010, pp. 399 - 3417.

② Rodela, R, Advancing the Deliberative Turn in Natural Resource Management: An analysis of Discourses on the Useof Local Resources. *Journal of Environmental Management*, Vol. 96, 2012, pp. 26 - 34.

响，只是不明确影响者是集权政府还是铺天盖地的广告，抑或影响的程度如何。问题的关键不在于偏好是否改变，而在于偏好是被操纵了，还是一种主动的反思，其导致结果有着迥然的区别。

三、协商性环境价值评估

自 20 世纪 90 年代开始，专家学者与环境治理实践者将协商民主理论引入环境价值评估中，发展了协商性货币评估（deliberative money evaluation，DMV）。协商性货币评估是针对陈述性偏好缺陷的一种发展式回应，是一种将经济工具与政治过程融合在一起的生态服务价值评估技术。在协商性货币评估中，协商不再是一种可有可无，或者说是点缀式的因素，而是一种主导性价值形成手段。协商性货币评估属于分析性协商技术（analytical deliberative technology），是环境利益相关者通过正式的集体协商方式评估环境变化货币价值的技术，其或者结合调查技术或者结合公民陪审团技术，并通过反思与协商引导出共同体的、利他主义的货币化价值指标。协商性货币评估改善了传统生态价值评估手段过于注重生态系统工具性价值的问题，将生态环境的全部价值都包含在价值评估之中。正如雅各布斯等学者所指出的，由于生态环境服务的公共物品属性，一个恰当的价值表达与实现机制应当在判断之前进行开放式讨论。通常而言协商方法不仅增加了决策合法性，也让参与者秉承一个更加长期且更加具有导向性的立场[1]。目前由于协商性货币评估的多元化利益、认知优势，其已然成为当今环境价值评估领域的新热点与趋势。

协商因素与环境价值评估结合在一起后经历了一个源于不同学科综合性思考的历程。在 20 世纪 90 年代，经济领域的布朗（Brown，1995）和斯帕什（Spash，2001）、决策科学领域的格雷戈瑞（Gregory，1993）、政治领域的雅各布斯（Jacobs，1997）与沃德（Ward，1999）、应用哲学领域的赛格夫（Sagoff，1998）和奥尼尔（O'Neill，2001）等学者都进行了

---

① Jacobs, M., Environmental Valuation, Deliberative Democracy and Public Decision – Making Institutions. *In Valuing Nature? Economics Ethics and the Environment.* London：Rouledge，1997，pp. 211 – 231.

相关讨论，只是对协商性货币评估的内涵与方式有着差异性的认知与理解，并且也引致了不同的评估实践。一般认为，最早明确提出协商性货币评估这一概念的学者是斯帕什（Spash，2008）。[①] 斯帕什提出了一系列在环境价值评估过程中整合参与、自反、讨论和社会习得等协商要素的方法。此后的学者进一步将其深化与拓展，比如豪沃思和威尔逊（Howarth and Wilson，2006）认为建立在共识基础上的协商小组能够摆脱 CBA 分析个人偏好聚集缺陷，从而能够提升环境决策的科学性与民主性；迪茨（Dietz，2009）则认为公共协商可以提升人们在碳排放领域的支付意愿。

（一）协商性货币评估的基础

协商性货币评估将经济过程与政治理念结合在一起，并因此发展出了自己的理性与环境价值体系作为进行环境价值评估的基础。

1. 协商性货币评估的理性。

与市场化评估的经济理性不同，协商性货币评估的理性基石是协商民主理论中的交往理性。所谓理性是指人们的行为规则与信念。协商性评估秉承协商理性，协商理性的目标在于理解他人的信仰、价值和偏好，并通过话语讨论来增加相互理解与互惠认知。在协商理性范式下，生态环境等公共物品的集体选择应当来源于公共推理，而不是个人偏好的简单聚合。协商理性的一个关键方面是主体间性的协商，这种协商包括了理性的讨论、价值诉求的正当性以及互动性的理性推理过程，具体包含了如下几个要点：一是主体间性的。主体间性指的是一个主体与另一个主体之间的交互主体性，主体间性反对人与自然的主客关系与工具理性，在主体间性下，人与自然的关系是共生的，而不是征服与索取的关系。二是包含了不同的知识主张和道德原则。协商理性话语下任何一种知识或道德认知都不是主导性的，都是平等的，只不过适用于不同的情境而已。三是引致交流行为。协商理性反对说教，评估过程中任何一方都是平等的评估主体。四是开放且由参与者主导。评估者范畴在协商理性下具有最大的动态性包容性，评估结果产生于评估者之间而非预先设定。五是让不同观点具有决策

---

① 王朋薇、钟林生：《协商货币评估法在生态系统服务价值评估中的应用》，载《生态学报》2018 年第 15 期。

功能。协商理性下评估结果并不局限于建议，而应当体现在之后的具体决策中。协商性货币评估理性与市场评估理性的不同见表 4 – 1。

表 4 – 1　　　　　　　　协商货币评估与市场评估理性比较

市场评估	协商性货币评估
静态的、内省性的偏好	具体社会背景下的动态偏好
经济理性/个人理性	交流理性/集体理性
社会福利 = 个人偏好的聚集	共识与可行性协议

2. 协商性货币评估价值体系。

为更好地建构协商性货币评估机制，学者贾斯珀·肯特（Jasper. O. Kenter，2016；2017）建构了协商性货币评估的价值体系。肯特相信价值分类的重构可以提升价值评估舒适度并汇集不同的价值判断。协商性货币评估价值体系扬弃并超越了经济学的价值理念，从生态系统服务角度重构了生态价值类型，更加适用于协商性货币评估。协商性货币评估中的生态服务价值可分为三个层次，分别为超验价值（transcendental value）、境况价值（contextual value）、价值指标（value indicator）。超验价值是指超越具体情境的行为与评估正当性的指导性原则和标准，例如健康、安全、人与自然的和谐等。超验价值稳定且持久，适用于不同的共同体或整个社会，在超验价值阶段，评估者心目中的人与生态环境的关系既非功利主义也非义务论，而是一种生命共同体的概念。境况价值指的是具体背景（区域内）下具有重要性或效用的价值，其反映的是一种具有时空约束性的生态系统服务，且一般情况下其价值是与生态的稀缺程度具有相关性的。价值指标指的是可用货币表达的生态系统服务的本身价值，其可以说是对前两种价值的具体化与指标化。在新的价值类型前提下，肯特从价值概念、价值提供者、诱导过程、价值规模和价值目标等方面建构了协商性货币评估体系下的环境价值体系，具体的协商性货币评估价值体系见图 4 – 1。

分析上述价值体系可以清晰地看出协商性环境价值与传统环境价值体系的差异之处。在生态价值层面，传统的价值评估关注于个人环境偏好的

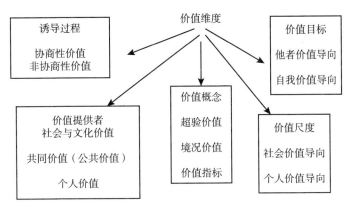

图 4 - 1 协商性货币评估价值体系

价值指标与境况价值，而协商性货币评估则强调超验价值，同时也指出境况价值和价值指标只是超验价值在一个社会—生态系统中的具体化，是在特定时空下表现出来的超验价值。在价值目标层面上，协商性环境价值具有他者价值导向，环境价值并不是通约的，而是协商的，社会环境价值并不是个人环境价值的集聚，而是人们自由理性的协商结果。

3. 协商性货币评估的前提。

任何一种环境价值评估工具与方式都不是万能的，其成功实施都会受到一定的因素影响。有学者认为社会互动程度、参与者协商程度、制度背景、群组构成、超验价值考量程度、协商过程的密度与时间、新信息量等因素会单独或者共同对协商性环境价值评估产生影响。依据之前学者的理论推敲以及近年来的评估实践，我们总结出有利的政治氛围、合意的协商代表、评估过程的阳光性与评估结果的现实性可以显著影响协商性货币评估的有效性。（1）有利的政治氛围：成功的协商性货币评估往往是在有利的政治背景下展开的，有利的政治氛围是开展协商性环境价值评估的机会窗口。例如在苏格兰埃特里克山谷（Ettrick Valley）的森林漫滩项目的环境价值评估中，项目的发起者苏格兰中央政府认识到项目能够成功离不开其与地方社区的合作，只有通过与地方社区进行协商才能够对项目的进展实施有效监管，进而达到通过项目增加当地社区的生物多样性、娱乐与审美价值的目标。（2）合意的协商代表：环境价值的市场化评估代表属于统计性代表范畴，而协商性货币评估属于政治评估，其基础在于协商民主理论，恰当的代表是能够代表不同社会地位与状况的人的集合，也就是政治代表。（3）公开的评估过程：协商性环境价值评估的过程与程序设计会明显影响最后的协商结果与人们对其的认可度。如果缺乏恰当的程序设计要求，评估的组织者或者具有优势资源的一方可能策略性操纵评估结果。在策略性操纵的协商评估中，其他参与者会感觉到自己是在胁迫下去符合强势集团的利益。而在公开性的协商过程中，这种质疑可被大大约束①。因此说只有阳光下的协商性货币评估才是好的价值评估。（4）目标的现实性：有学者批评协商性评估依然处于经济框架之中，并没有完全脱离传统的经济理性对生态服务价值评估的影响。协商性货币评估是基于财政可行性下的环境价值评估，这是由环境决策的现实性要求所决定的。环境价值评估既要符合当前的社会经济发展背景，也不能超越当前人们的生态认知水平。服务于环境决策的环境价值评估工具既不能脱离实际，更不能乌托邦化。那种脱离社会经济背景的环境乌托邦式的环境决策并不具有现实操作性，不切实际的环境治理目标，抑或环境原教旨主义的环境决策反而会事与愿违。况且人们对生态价值的认知、重视程度和支付意愿（受偿意愿）是随着经济发展水平和人们生活水平的提高而发展的，也就是说生态价值是动态的、发展的概念，具有从发生、发展到成熟的特征。当人们处在为吃饱肚子而挣扎的时候，不可能对生态环境的存在价值有充分的认识；但是在进入小康阶段后，人们对生态系统的舒适性服务需求则会显著增加，相应的支付意愿也会增加。

4. 协商性货币评估过程。

一般性的协商性货币评估框架包含了制度背景分析阶段、超验价值激发阶段、信息协商阶段与价值协商阶段等基本过程。当然由于存在着时间和资源约束，各个评估步骤之间必然存在着隐性或显性的合并现象。

（1）背景分析阶段：这一过程主要是向环境价值评估者解释协商目标、价值评估的选择范畴以及相对应的原因。通过对评估发生背景的分析

---

① Clive L. Spash, Deliberative Monetary Valuation. Paper for presentation at 5th Nordic Environmental Research Conference, 2001.

与解读说明，评估者可以知晓即将进行环境价值评估的区域的社会经济发展水平，从而在评估过程中判断自己的环境价值认知是否符合决策背景。通过这一过程，环境价值评估者既不会忽略关键性问题，也可以避免产生不切实际的期待。

（2）超验价值激活阶段：这一过程是要激活原本处于休眠状态的具备共同文化特征的集体性生态环境价值，即超验价值。为了更好地实现这一过程，学者肯特（Kenter）等提出了超验价值指南（transcendental values compass）①，详细情况见表4-2。在这一阶段，每个评估者都可以选择几种超验价值作为自己进行环境价值评估的基准，然后将所有评估者选择的超验价值集中起来后，获得最多选择的超验价值就可以作为环境协商性货币评估的基准超验价值。

表4-2 超验价值指南

自我超越	普世主义	环境保护	世界和平	美丽世界	胸怀博大	自然共生
		社会正义	内心平静	睿智	平等	—
	慈善	乐于助人	宽容	责任	精神生活	生活意义
		诚实	忠诚	友情	成熟的爱	健康
自我增值	权力	行政权力		财富		社会形象
		权威性		公众保护		社会认同
	成就	成功		事业		智慧
		能力		影响力		自尊
开放度	自我导向	创造力		自由		独立
		好奇心		自我选择		—
	促进	勇气		多彩生活		刺激的生活
	享乐主义	乐趣			享受生活	

① Jasper O. Kenter, Niels Jobstvogtb, Verity Watsonc, Katherine N. Irvined, Michael Christiee, RosBrycef, The Impact of Information, Value - Deliberation and Group - Based Decision Makingon Values for Ecosystem services: Integrating Deliberative Monetary Valuation and Storytelling. *Ecosystem Services*, Vol. 21, 2016, pp. 270 - 290.

续表

传统	传统	虔诚		谦卑		接受生活
		尊重传统		温和		分离
	一致性	礼貌	尊老		服从	自律
	安全	洁净		社会秩序		归属感
		国家安全		家庭安全		互惠

（3）信息协商阶段：在传统环境价值评估中，评估者往往由于时间与能力的限制导致其缺乏信息而无法对环境变化形成有效的理解，而协商引致的集体讨论为评估者弥补信息缺失提供时间与空间，跨越个人的有限理性，促进信息共享。研究表明虽然协商性货币评估中的信息协商过程并不能改变人们的整体支付意愿水平，但会显著影响人们在支付方式与具体支付地点方面的选择。更为重要的是，组织化信息协商过程可以凸显生态系统的非线性与整体性特征，有利于环境价值评估者形成更为具体清晰的环境价值与集体偏好，帮助协商者们认识到不同物种之间的相互联系性，促使协商者形成具有整体性与联系性的背景价值，促使人们建构更为具体的生态服务价值意识，从而进一步理解环境治理的重要性。协商性货币评估的信息协商过程中具体包括了评估发起者对环境政策与计划的说明，不同评估者之间对环境政策效果的差异性认知辩论，评估者针对环境决策目标与支付意愿的讨论等。

（4）价值协商阶段：协商性货币评估不仅是一个信息讨论与知识分享的过程，更是一个环境价值与偏好道德化的过程。传统的环境价值评估更多地忽略了生态服务的超验价值，而协商性货币评估的集体协商过程可以帮助评估者建构共享的超验集体环境价值。在协商过程中，协商者可以通过讲述故事或自己的亲身经历感受将个人的环境价值编码成集体性的超验价值，然后评估者依照超验价值指南来讨论其价值的重要性程度，并回答其是否愿意与其他人分享自己所选择的超验价值。同时评估者也需要回答这些价值是否导致其真实的支付意愿。最后评估者一起决定共同的超验价值，并详细说明依据超验价值作出的集体支付意愿。价值协商阶段是协商性货币评估相对于其他环境价值评估工具的优势所在，正是通过价值评估才让环境价值评估从注重环境决策的效率性，转向注重环境决策的正义性方向。

（5）评估结果讨论阶段：这一阶段主要用来分析环境价值评估结果背后的价值是否具有正当性，价值评估过程是否考虑了所有参与者的环境价值诉求等问题。协商评估意味着接受不同的价值与信仰。对于同一种生态环境资源，人们支付意愿或者说保护意愿背后的价值诉求可能并不相同，可能为了自己将来的使用（期权价值），可能为了保护其他使用者的利益（利他价值），可能为了保护后代子孙的环境权利（遗赠价值），可能是为了与人类利益无关的其他生命的保护（存在价值）。然而即使存在价值差异，依然可以达成环境评估协议，因为协商性货币评估与协商民主的要求一致，其并不假设评估者价值的一致性，其评估结果是通过主体间性讨论建构的。只要最后的评估结果考虑到了各种环境价值，同时任何参与者都没有屈从于其他人的价值信念，也未有参与者用其道德信仰进行交易，那么评估结果就是合意的，也是正当的。

5. 协商性货币评估的类型。

协商性货币评估先后经历了不同的发展实践，最初是从个人角度完善生态偏好的协商性偏好（DP）路径，然后是主张在偏好道德化的基础上寻找共同体生态偏好的协商民主价值评估（DDMV）。协商性偏好（deliberated preference）是人们经过公开的集体讨论并进行反思后形成的个人环境偏好。其核心观点是：由于存在信息和时间约束，个人无法独自形成知情的、稳定的环境偏好，并且也无法进行真正合理的环境偏好排序。通过公共协商程序，人们可以拥有更多的时间与信息讨论并反思自己的环境偏好，熟悉环境物品的复杂性，缓解自己的认知负担，拓展有限的想象力和计算能力，了解他人的诉求，形成更好的个人环境价值认知，最终通过聚集形成社会环境价值。可以说协商性偏好依然以个人环境支付意愿为基础，公共协商只是一种促使个人发现自己真实环境偏好的必要程序而已。实现协商性偏好的目标是追寻个体基础上的真实生态偏好，人们之间的环境偏好差异产生于环境问题的差异性解释而非其背后的价值。因而环境价值评估应当集聚环境行为与生态危机的因果分析，人们的主观价值必须通过客观的标准加以考量。在协商性偏好范式中，环境问题的根源在于人们的认知负担，而解决这一问题的方法就在于发展更好的科学，人们只是需要通过专业的指导、充足的信息和时间来认清环境价值而已，没有必要质疑既有的政治经济框架。在协商性偏好范式中，协商者具有浓厚的生态服务消费者特征，不同的生态服务价值是可以兼容的，甚至可被通约成一元化价值，从而实现促进不同甚至冲突性的生态服务价值之间的平衡的目标，这同时也意味着各种生态服务之间的关系是线性且既定的，可以通过预测实现生态服务最优化利用。

协商性偏好范式的终极目标在于获得一个更加真实、科学的生态系统服务的货币交换价值，环境价值评估只是解决如何在生态价值与经济价值之间取得平衡的问题，具体方法是通过多属效用理论（MAUT）等工具建构一个结构化思维过程去表达不同偏好在自身价值体系中的权重，然后将结果作为生态环境价值转化为货币价值的基础①。目前协商性偏好评估方式中较为成功的方式为市场摊位法，我们将在下面章节中给予详细论述。而协商民主货币评估作为协商民主理论在环境决策机制中的进一步深入应用，二者又在价值范畴、协商者角色、协商目标等方面存在着诸多的不同，具体情况见表4-3。

表4-3　　　　　　协商性偏好与协商民主货币评估比较

项目	协商性偏好	协商民主价值评估
偏好诉求	偏好经济化	偏好道德化
先验价值	效用最大化	公共理性
参与者角色	消费者	公民
估值目标	发现个人真实偏好	发现公共偏好
协商目的	信息共享	寻找共识
基本原则	个人效用最大化	公正客观的公共利益

---

① Gregory, R. and Wellman, K., Bringing Stakeholder Values into Environmental Policy Choices: a Community - Based Estuary Case study. *Ecological Economics*, Vol. 1, 2001, pp. 37 - 52.

项目	协商性偏好	协商民主价值评估
理想参与者	理性经济人	受教育的知情者
认知过程	内省式反思	内省式反思
价值表达方式	慈善捐款、公正价格	仲裁式的社会支付（接受）意愿

资料来源：根据相关资料整理得出。

（二）协商民主货币评估

协商性货币评估的另一个发展方向是协商民主货币评估（deliberative democratic monetary valuation）。所谓协商民主货币评估是将协商民主理论融入生态系统方法（ecosystem approach）之中，从而完善生态系统方法的参与性与可持续性原则的一种新兴的环境价值评估范式[①]。协商民主货币评估通过引入协商民主理论来构建更具有伦理性、开放性和公平性的环境价值评估制度，规避了环境价值评估中的经济霸权缺陷，是一个更为注重环境公共利益的环境价值评估过程。

1. 生态系统方法。

协商民主货币评估与生态系统方法有着密切的关系。所谓生态系统方法最初出现于20世纪70年代北美五大湖地区的环境治理实践中，是一种用平等的方式实现环境保护与资源可持续利用的生态环境服务管理策略。后来生态系统方法得到了生物多样性公约的高度认可，逐步发展成为一种将多学科的理论与方法应用到具体环境管理实践的科学和政策框架。生态系统方法强调用综合性的视角来看待并应对社会、经济和生态系统之间的复杂性问题，强调资源保护和利用的合理、平衡和统一，以实现资源的可持续利用。生态系统方法理论框架的主要内容包括了预警原则、适应性管理、生态保护与生态服务的平衡、经济境况、地方经验与科学知识的整合、高度参与性的去中心化管理等12条原则和5条操作指南。此外生态

---

① Johanne Orchard – Webba, Jasper O. Kenterb,, Ros Brycec, Andrew Churcha, Deliberative Democratic Monetary Valuation to Implement the Ecosystem Approach. *Ecosystem Services*, Vol. 21, 2016, pp. 308 – 318.

系统方法将人类及文化的多样性视为生态系统的一个组成部分，聚焦于人类与环境的互动，并随着时间的推进吸纳了以包容、参与和协商技术为特征的协商民主来丰富自己，从而更好地面对不断变化的环境治理需求，二者的结合点就是生态系统方法与协商民主都希望通过话语过程建立公平共识①。

2. 协商民主货币评估的优点。

与协商性偏好不同，协商性民主价值评估并不追求更好的经济性环境偏好，而是在于提供一个从不同道德与实践立场上评估不同环境决策选择的民主化空间②。众所周知，协商民主理论认为价值是主体间性的，也是可建构的，因而并不预先定义或导向任何一种价值或哲学，因此建立在协商民主理论基础上的协商民主货币评估也未是简单地将经济价值作为最终的价值衡量标准，也不预设某一种道德价值为前提，这样就可以正确回应环境价值的不可通约性与多元化，创造更加富有权利、责任、公平与正义的道德性与政治性的环境价值评估③。在协商民主货币评估中，评估者具有更多的自由来讨论议程设定，寻求更多的专家咨询，并在听取专家陈述与讨论后从社会或个人贡献的角度给出支付意愿，也就是说协商民主货币评估寻求的是一个民主化过程而不是经济预测。

相对于协商性偏好方向，协商民主货币评估的协商过程更加公平也不容易被操纵。在协商民主货币评估中，因为要遵守协商民主理论更好的言说力量原则，因而环境价值评估者在环境评估过程中不仅要提出自己的环境价值，更要向他人说明自己环境利益背后的合理理由，即评估者必须向那些受到其价值诉求影响的他人证明其主张的正当性。因而评估者只能在集体讨论中利用更好的观点力量，发掘公共利益，寻求共识性结论。掌握

① Flyvbjerg, B., Ideal Theory, Real Rationality: Habermas Versus Foucault and Nietzsche. *Paper for the Political Studies Association's 50th Annual Conference*, London School of Economics and Political Science, 2000, pp. 10 – 13.

② Johanne Orchard – Webba, Deliberative Democratic Monetary Valuation to implement the Ecosystem Approach. *Ecosystem Services*, Vol. 21, 2016, pp. 308 – 318.

③ Raymond, C., Kenter, J. O., Transcendental Values and the Valuation and Management of Ecosystem Services. *Ecosyst Serv*, Vol. 7, 2016, pp. 145 – 178.

优势资源的评估者也不再能利用既有的不平等社会关系来操纵评估过程，权力不平等现象被最大化地避免。

与建构在个人环境偏好基础上的协商性偏好不同，协商民主价值评估的基础是集体性的环境偏好，追求的是公共环境利益。即在协商民主货币评估中并不认可环境价值之间的通约性与兼容性，其解决环境价值冲突的原则不是多数服从少数，而是通过公共价值的趋同性解决不同个体的冲突性的生态偏好，从而达成集体性的环境共享价值。协商民主货币评估并不是经济性评估，而是属于社会性评估范畴。社会性评估的评估单位是社会组织，相应地，其关注的也是社会组织的价值与偏好。在社会性评估中，人们要摒弃传统的消费者思维，而以生命共同体成员角度来思考自己的环境偏好，个人是社会组织中的一员，需要表达的是共同体共同价值。也正是这种共同体思维，让我们相信人类与非人类实体是平等的，而且人类具有代表非人类实体表达价值的责任与义务，环境价值评估也因此更能体现生态环境的存在价值。相对于其他环境价值评估范式而言，协商民主货币评估提供了一个更为灵活的处理复杂性、不确定性与风险的范式。通过公共协商，人们会更倾向于选择谨慎的预警性的风险认知方式，这就实现了价值评估围绕生态服务的阈值和关键点展开确定，从而避免了人们对生态环境的过度开发冲动。

3. 协商民主货币评估的原则与过程。

协商民主货币评估作为一种新兴的环境价值评估工具，尚处于不断发展时期，因而并没有一个标准化的评估过程与程序设计，其过程设计需要更加尊重交流理性，因为交流理性是保证协商民主货币评估参与性与可持续性的前提基础。总体来看，协商民主货币评估需要从如下几个方面加以建构：（1）是否具有主体间性；（2）是否对不同的知识主张和道德原则具有包容性；（3）是否可以引致交往行为；（4）是否有开放性和协商者主导；（5）是否承认不同的观点的重要性与意义。

协商民主货币评估的过程是一个在特定的背景下交流讨论超验价值的过程，个人的超验价值与共享的集体价值、文化与社会价值密切相关，因为人们在协商民主货币评估中的协商中可以定义个人、共同体和文化的生活目标，从而通过这种方法发展主体间性的、协商性的境况价值。协商民主货币评估坚信好的环境决策是自由而平等的生态公民在知情的基础上进行了理性讨论后所给出的，其决策的理性是哈贝马斯提出的交流理性。协商民主货币评估的支持者相信交流理性在于让人们获得一个非强制性的话语性的共识建构，在交流理性中人们会跨越自身的主观性偏见达成一个理性的协议。在将交流理性原则具体化到协商评估方法之中的时候，协商程序设计的关键就在于如何实现超验价值的表达、程序公正性、理性推论以及对多元价值与观点的聆听与尊重，最后的价值评估也是对基于人们相互理解与互惠的环境价值评估。协商民主货币评估也是一个运用交流理性建构环境风险的过程。在任何环境价值评估中，环境风险的认知与评估都是关键内容。而在交流理性下，人们通过交流行为形成共同的风险认知。在协商民主货币评估中，人们通过公共协商讨论聆听他人意见并且通过理性的判断形成协议或者决策，这相对于工具理性通过简单聚集个人偏好形成决策而言具有更好的民主性，有助于更好地表达人们之间的不同诉求，并激发出更多的绿色价值。因为协商民主偏好采用开放性的小组讨论、真正的观点交流等，这些都使人们观点与思想的改变成为可能。

下面我们将依据上述协商民主货币评估的基本要求简单建构一个协商民主货币评估过程。具体的过程主要依据英格兰东南海岸黑斯廷斯的环境治理实践构建。当然协商民主货币评估具有较强的开放性，其过程并非一成不变，会随着情况的变化而不断完善。

第一阶段：（1）确定利益与主观福祉：通过全体会议讨论受影响者的关键性环境利益与价值，然后从个人福祉角度对利益与价值进行排序。（2）超验价值排序：个人与小组根据超验价值指南来讨论超验价值，每个参与者选出其认为最重要的 5 种超验价值，这些超验价值经过讨论后提交给下一阶段进行评估。（3）讲故事阶段：参与者分成小组通过讲述自己的环境故事来说明自己心目中环境价值与个人利益的联系。讲完故事后，小组讨论哪些超验价值体现在人们的故事之中。这一过程在于让参与者确认并分享不同参与者的超验价值以及了解环境利益产生于哪种超验价值。（4）SWOT 分析：集体进行 SWOT 分析找出当前地区的优势、劣势、机会和威胁，以及引起环境变化的背后动力。经过组织化的讨论，参与者通过讨论过程确定主要的共同体目标，然后形成不同的发展愿景。

第二阶段：（1）愿景讨论阶段：将上一阶段的愿景讨论结果带到集体大会中进行讨论，让人们了解不同愿景会给本地区带来的变化，同时也允许人们提出不同的发展愿景。（2）现场深入讨论阶段：全体评估者到现场考察并进行深入讨论。这一过程可以激发人们发现在会议室中不会感受到的环境变化，考察之后再经过现场的深入讨论形成集体性的愿景。（3）概念化系统建模：利用第一阶段 SWOT 分析的结果来建构社会生态系统图谱，并利用图谱来分析变量与愿景之间的关系。人们经过分组讨论在反馈机制和变量链方面形成共识。（4）多元标准分析（MCA）阶段：利用多元标准分析来说明哪一种愿景最符合环境决策目标，以及哪些环境、社会经济以及文化背景可以影响其实现目标的能力。这一阶段的目标在于了解不同愿景之间的权衡选择。

第三阶段：（1）愿景重估过程：通过集体讨论的方式确定关键政策预计需要缓解或消除的负面影响，然后通过小组讨论发展不同讨论结果之间的均衡。（2）发展政策包与成本核算过程：以共同价值、现实性和目标满意度为标准，分析不同评估方法的成本与成功指标。

第三节 市场摊位法

一、市场摊位法的理论渊源与适用性

市场摊位法脱胎于近年兴起的环境公民陪审团（citizen's jury），只是与公民陪审团的定性化结论不同，市场摊位法是一种量化的环境价值评估工具，其最终目标是找到更为真实的支付（受偿）意愿。在本质上是将参与式技术融入陈述性偏好中的新型环境价值评估工具。市场摊位法的产生动力在于人们对意愿价值评估的完善需求。所谓意愿价值评估是在专业人士的组织下，被调查者在假想情况下根据已有知识、自我偏好以及收入情况，给出个体性的环境支付（受偿）意愿。意愿价值评估存在着选择时间不足与相关信息不充分两方面短板。首先，由于需要在5～10分钟时间内给出决定，被调查者既无法充分阅读并理解组织者提供的信息，也没有时间就相关疑问寻找答案，被调查者容易隐瞒、压抑自己的真实支付意愿，也可能给出敷衍性的支付意愿。其次，由于被调查者的知识结构与学习能力存在差异，吸收不同的信息会影响人们的真实支付意愿。如果信息超过了被调查者的知识水平会形成认知负担，反之信息过于简单又会产生抗议或者轻率的回应，都不利于真实支付意愿的产生。基于如上认知，麦克米伦等学者提出了市场摊位法，将环境公民陪审团的集体讨论与意愿价值评估的支付意愿融合在一起，既回应了公民陪审团经济性量化评估的不足，也解决了价值评估的环境价值认知负担问题，尤其适合于复杂的、非线性的环境价值评估领域，从而具有了自己独特的适用性①。其具体优势如下所述。

1. 降低认知负担。

市场摊位法从多方面缩小被调查者的认知负担，促使其在知情且无压力的决策环境下表达环境意愿。一是在讨论期间，被调查者既可以获得组织方提供的标准化信息，也可以就相关问题向专家提问，或者成员之间相互进行讨论，这些都会丰富被调查者的信息。例如布劳沃（Brouwer）等学者发现在经过集体协商讨论后，大部分被调查者更加了解洪水管理项目中存在的问题以及自己的支付意愿②。二是在集体讨论过程中，支持人与被调查者之间的非正式关系可以在人们之间建立良好的信任关系，被调查者的观点与价值会得到重视，利益能够在决策中体现。研究表明高水平的激励必然可以让受访者付出更多的时间、精力和金钱来填写调查问卷。三是两次问卷的冷静期使得被调查者有时间多途径弥补欠缺的知识，因此市场摊位法尤为适合在被调查者拥有不同的利益诉求与认知水

① Lorna J. Philp & Douglas, Macmilian, Exploring Values, Context and Perceptions in Contingent Valuation Studies: The CV Market Stall Technique and Willingness to Pay for Wildlife Conservation. *Journal of Environmental Planning and Management*, Vol. 2. 2005, pp. 257 – 274.

② Brouwer, R. , Powe, N. , Turner, R. K. , Langford, I. H. , Bateman, Public Attitudes to Contingent Valuation and Public Consultation. *Environmental Value*, 1999, pp. 325 – 347.

平的境况下施行①。

2. 缩小支付意愿与受偿意愿的不对称。

意愿价值评估（CVM）中的支付意愿与受偿意愿有着较大差异②，原因在于被调查者常常无法了解环境物品的真正价值，这一认知负担会引致被调查者或者拒绝回应或者给出策略性的回应。实践表明只要给予被调查者充足的时间、信息与讨论空间，被调查者的受偿意愿与支付意愿间的差异是可以弥合的。市场摊位法的集体讨论与冷静期都给予被调查者更多的思考空间，因而其受偿意愿与支付意愿更为接近。市场摊位法获得的最终支付意愿低于最初的支付意愿也间接证明了这一点。

3. 形成集体性、家庭性环境偏好。

新古典经济学理论认为个人知晓自身的最大化利益，而社会效用也就是个人最大化效用的简单聚集。但是萨戈夫（Sagoff）等学者则指出环境、道德、安全领域的社会效用并非个人效用的简单聚集，是个人以公民身份通过集体协商讨论建构得出的共同体效用③。市场摊位法的讨论元素促进了个人从自利的环境消费者向他利的环境公民的角色转换。此外市场摊位法中的冷静期给予了被调查者形成家庭环境支付意愿的机会。证据显示许多被调查者利用会议和电话访谈的间隔期与家庭成员讨论家庭偏好，从而在家庭预算的基础上形成新的支付意愿。例如麦克米伦（Macmillan）发现由于被调查者有机会与自己的孩子讨论环境问题，因而其偏好更加具有环境保护色彩与代际正义特征④。

4. 降低意愿的不确定性。

一方面，市场摊位法提供的无压力决策环境让被调查者在轻松的氛围

---

① Nele Lienhoop, Douglas MacMillan, Valuing Wilderness in Iceland: Estimation of WTA and WTP Using the Market Stall Approach to Contingent Valuation. *Land Use Policy*, Vol. 24, 2007, pp. 289 – 295.

② 破坏或污染相同质量或数量的环境资源所引起的福利损失，将远大于保护和改善环境资源所引起的福利改进，而不是两者相等，根据国际上的研究可知，WTA/WTP 的平均值比值为 7 左右。

③ Sagoff, M, Aggregation and Deliberation in Valuing Environmental Public Goods: a Look Beyond Contingent Pricing. *Ecological Economics*, Vol. 24, 1998, pp. 213 – 230.

④ Douglas C. Macmillan, Lorna Philip, Valuing the Non – Market Benefits of Wild goose conservation: a Comparison of Interview and Group – Based Approaches. *Ecological Economics*, Vol. 43, 2002, pp. 49 – 59.

下给出慎重决定，而非在时间与信息不足、压力下的境况下做出匆忙决定，因而降低了产生不确定性支付意愿（not sure response）的概率。另一方面，传统的意愿价值调查并不记录被调查者的选择原因，而市场摊位法在讨论前调查被调查者的社会经济背景，讨论中要求被调查者记录自己的思想进程，被调查者也要记录下自己与家人朋友的讨论情况。通过这些程序设计，决策者可以分析民众决定环境偏好的背后原因，了解影响人们偏好的社会经济因素，帮助决策者判断人们是否采取了敷衍式或抗议式的回应。

二、市场摊位法的程序与过程

作为一种协商性货币评估工具，市场摊位法将公共协商与支付意愿结合在一起，包含了公共协商与问卷调查两种价值评估形式，从本质上而言就是一种协商后再给出支付意愿的货币化价值评估工具，具体过程可分为公共协商阶段和获取支付意愿阶段。

（一）市场摊位法中的人员组成与角色担任

市场摊位法的成员包括主持人（convenor）和被调查者两种。主持人应当处于利益相关者范畴之外，既需客观公正，又当具有丰富的知识；被调查者属于利益相关者范畴，是具有合法性与代表性的利益相关者。

1. 主持人的选择与职责。

市场摊位法中的主持人十分重要且所担任的角色微妙。既要受过协商技术的相关训练，又要了解环境知识。主持人一方面需要利用自己的专业知识回应受访者的专业性的知识与经验需求，引导协商讨论方向，避免讨论走入无谓纷争，防止讨论过程中的策略性行为；另一方面主持人也不能影响人们自由表达支付意愿的能力与意愿。一般情况下主持人的职责包括如下几方面工作：（1）记录被调查者对环境问题及其对相关环境决策的观点；（2）为被调查者提供背景信息以帮助其形成知情评估；（3）引导激励集体讨论；（4）记录支付意愿与方式。目前专家学者的首选一般为环境或组织领域的专家学者，其或者受政府委托，或者由利益相关者协商选出，采取这一选项的原因是人们对专家学者的信任感和专业知识的认同。与之相对应的是，具有特殊商业利益的利益集团提供的信息与人员最受质疑。

2. 价值评估者的选择。

由于时间与成本约束，市场摊位法中被调查人的样本量较小，因此被调查者的代表性强弱决定了市场摊位法的成功与否。由于代表数量的有限性，市场摊位法中的被调查者必然属于政治代表，而非统计代表。市场摊位法中的被调查者属于自我选择性组织，均系一定区域内与环境决策具有相关利益的人们。相对于一般公众而言，利益相关者更有动机认真对待集体讨论，回应率也更高，给出的支付意愿更加真实，更能反映出人们的环境价值与偏好[①]。目前在实践中，价值评估者主要通过配额抽样法（quota sampling）产生，相较于随机抽样方法，配额抽样法适用于调查者对总体的有关特征具有一定的了解而样本数较多的情况。具体做法为：先根据调查总体的某些属性将总体分成若干类型，再根据分类控制特性将各类总体分成若干子体，依据各子体在总体中的比重考虑各类型之间的交叉关系，分配样本单位数，最后由抽样者选定样本单位。在这种方法中确定不同控制特性以及不同控制特性在样本总量中的比重是保证抽样合法性、科学性的基础。具体的比例可以采用德尔菲法实现。在市场摊位法中运用配额抽样方法，具备更好的代表性优势，其代表合法性可以通过复杂类型抽样法加以提高[②]。同时相对于概率抽样市场摊位法也更加"便宜"，概率抽样方法的人均访问成本会随着完成率的提高而大幅增加。

在市场摊位法的配额抽样中的控制特性以相关环境行为的利益相关性为基础。利益相关者的范围是以环境决策影响的区域为划分标准。这种以利益相关度为划分依据的方法会随着不同的环境决策行为而不同。例如在流域治理实验中就依据利益相关度将代表分为了农民、环保组织和普通大众。在苏格兰野生动物项目中，利益相关者则被分为了大学研究机构、卫生健康部门、市政委员会和公司企业。也正是因为这种利益相关者特性，

---

① 实践表明市场摊位法中的被调查者往往具有更好的教育水平与家庭收入。

② Harrison, G. W., Lesley, J. C., Must Contingent Valuation Surveys Cost so Much. *Journal of Environmental Economics and Management*, Vol. 31, 1996, pp. 79 – 95.

决定了市场摊位法适合于相互控制的配额抽样。通常情况下在小组讨论中，受访者的分组是随机的，但要特别指出的是专家学者要单独成组，这主要防止专家利用自己的知识优势操控小组讨论。

（二）市场摊位法的实施过程

目前存在着两种市场摊位范式。第一种是将公共协商讨论与意愿价值评估（CV）相结合，第二种是将公共协商讨论与选择实验（CE）相结合。两种范式均包含着集体讨论、冷静期和意愿调查三种因素。

1. 意愿价值范式。

（1）集体讨论阶段：这一阶段在于让价值评估者成为知情者，具体分为三个阶段，第一阶段是学习阶段，在此期间，主持人以信息夹（information folder）形式把相关信息以书面形式告知与会者，然后与会者学习信息资料，听取专家解读，提出质询。信息夹中包括：1）当前生态环境系统面临的压力与问题；2）解决压力与问题的措施与举措；3）不同决策将要带来的差异愿景。第二阶段是小组讨论阶段。在此期间，与会者进行开放式讨论，了解他人的环境偏好及背后原因。第三阶段是形成初次支付意愿阶段。在此期间，与会者在支付方式、支付数额等方面做出选择，匿名给出自利性的支付（受偿）意愿①。

（2）冷静阶段（反思期）：冷静期既可以拓展信息来源的多样性，解决评估者对会议提供的信息全面性与正确性的疑虑，也能促使形成集体性的环境意愿。在集体讨论结束后，与会的评估者会有一周时间进行冷静反思。在这一周时间内，人们可以反思自己的选择，并与家庭、朋友讨论自己的支付意愿，也可以寻找额外的信息并咨询其他的专家。同时评估者需要以日记的形式记录下来自己的心路历程以及与家人朋友的讨论过程与结论。决策者对评估者的日记进行内容分析（content analysis）。研究表明在经过了与朋友或家庭成员的充分讨论后，人们更加坚信支付意愿，或者说决策者可以汲取更为准确的环境意愿。同时冷静期可以促使个人的环境意愿升级为家庭的环境意愿，相对于个人环境意愿而言，家庭环境意愿更加

---

① WTP（willingness to pay）是受访者对一项环境改善计划或政策愿意支付的最大收入支出；WTA（willingness to accept）是受访者面对一项环境质量损失愿意接受的最小收入补偿。

具有后代人的偏好，能够更为有效地回应环境的代际正义。研究表明冷静期的时间长短对于支付意愿具有不同的影响。惠廷顿等（Whittington et al.，1992）发现人们在相隔一天重新回答一样的价值评估调查的时候，人们的支付意愿是下降的。凯利（Kealy，1990）与卢米斯（Loomis，1990）则证明了在两周与 9 个月的时间下，冷静期与支付意愿具有较弱的相关性。

（3）电话回访阶段：主持人在这一阶段通过电话回访（邮件答复）等形式获得评估者的最终支付意愿。支付意愿不仅包括具体的支付（赔偿）数额，还包括对收入税、地方税、入场费、通货膨胀和捐赠性的信托基金等具体支付方式的选择。研究表明征税是最不受欢迎的一种支付方式。具体的价值评估过程见表 4 - 4。

表 4 - 4 　　　　　　　　　　　市场摊位法过程

集体讨论	讨论前的个人选择	1. 被调查者的社会经济背景； 2. 当前环境状态描述与解读； 3. 可选择的政策集合； 4. 不同政策的环境愿景
		1. 专家咨询； 2. 小组讨论
		1. 收集整理个人支付意愿
冷静期	反思阶段	被调查者与家人、朋友讨论家庭预算、偏好约束条件下的环境支付意愿
形成支付意愿	讨论后的集体选择	经集体讨论后的家庭支付意愿

2. 选择实验法范式。

除意愿价值范式外，将选择实验法（CE）与协商讨论融合在一起发展成为另外一种市场摊位法范式。与最初的市场摊位法不同，其主要由每次持续 3 ~ 4 天的 3 次会议组成，具体过程如下。

（1）全体学习阶段：这一阶段的主要功能在于为评估者提供信息与信息解读，信息的内容包括影响区域的社会经济状态、环境决策的影响、民众的个人环境偏好等。会议主要分为三个步骤：1）专家提供信息，在这一阶段中，会议的召集人与专家采取口头或书面形式提供相关信息，例如当前生态环境危机与问题，应对生态危机的政策建议与措施，决策实施前后的生态环境差异等；2）问卷调查阶段：这一阶段的主要功能在于通过问卷调查了解人们对环境与其他社会经济事务的基本底线，这些基本底线与个人社会经济背景的相关性，并利用相关性分析评估者的个人支付意愿；3）提问与讨论阶段：与会的评估者自行通过网络搜索、专家咨询等方式进行自我学习，然后就环境决策进行分组讨论，提出咨询问题。

（2）集体讨论决策阶段：这一阶段的主要功能是在于形成集体的环境决策，具体保证包括：1）与会的评估者了解具体环境决策的出台原因、内容和后果，讨论具体环境决策的可行性、合意性、替代性与便利性；2）公开参考者与家人、朋友的讨论结果，让大家相互了解彼此的选择，经过公开协商获得集体性的愿景。

（3）支付意愿形成阶段：这一阶段是在集体环境愿景的基础上，以生态公民角色形成具体的支付意愿的过程，具体步骤如下：1）总结前两次会议结果，明确告知与会的参与者当前为提出意见的最后窗口期，以便弥补被忽视的价值诉求。2）选择实验法阶段：被调查者要求以集体的、公民的角度给出自己的支付意愿。被调查者并不公开支付意愿，而是在密封的信封中写下自己的答案与选择。详细情况见表4－5。

表4－5　　　　　　　　　　　选择实验法过程

第一次协商会议阶段	讨论前的个人选择	1. 当前环境状态描述与解读； 2. 可选择的政策集合； 3. 不同政策的环境愿景
		1. 对个人的一般性环境偏好与社会经济背景进行问卷调查； 2. 个人消费者角度的支付意愿（受偿意愿）； 3. 集体讨论
第二次协商会议阶段	讨论后个人选择	1. 对具体环境决策进行介绍； 2. 讨论具体环境决策的合意性与可行性； 3. 公开讨论结果
第三次协商阶段	讨论后的公民选择	1. 前面两次会议简报； 2. 参会人员最后提出意见； 3. 给出公民环境支付意愿

三、市场摊位法的挑战与展望

作为一种非市场化的环境物品进行货币化价值评估的工具，能否获取真实支付意愿是其成功与否的关键。市场摊位法固然在此领域相较于意愿价值评估有了进步，但是也有学者对市场摊位法的有效性提出了质疑。首先是被调查者的合法性。在时间和金钱的约束下，市场摊位法中样本采集量较小，因而无法实现统计学意义上的有效性。因此说市场摊位法特别适合于特定人群价值的、利益不同且容易区分的环境决策领域。其次则是集体讨论可能带来的"极化"现象。作为一种组织化的方法，必然存在着组织标准影响个人支付意愿的风险。人们可能会屈从于多数人的意见，少数人的利益得不到体现，也更容易出现策略性行为与敷衍性行为①。最后人们在市场摊位法中的选择依然符合新古典经济理论，决策依然是环境偏好收益与支付成本之间的权衡选择，存在着忽视环境道德，受到收入约束等不足。当然环境价值的量化评估是一个循序演进、逐步深入的过程。先要解决从无到有的问题，然后才是从粗到精的问题。市场摊位法作为一种尚处在发展过程中的环境价值的货币化评估机制虽然存在着不少需要完善的地方，但是市场摊位法解决了意愿价值评估缺乏深度的问题，通过市场摊位法我们可以进一步解读人们的环境行为与决策，提升意愿价值评估的有效性。在我国生态文明建设中必然应当具有相当的积极意义。

---

① 人们可能提出公平性的捐赠而不是最大化的支付意愿，也会通过高估自己的支付意愿来确保环境物品的供给。

第五章

协商民主环境决策机制的中国化

第一节 我国协商民主环境决策机制的可行性研究

近年来，我国的环境状况虽然有了很大程度的改善，但目前我国环境容量有限，生态系统脆弱、污染重、损失大、风险高的生态环境状况还没有得到根本性扭转，需要我们继续在生态文明建设背景下创新环境决策机制，从而在保持绿水青山的前提下实现金山银山。

一、协商民主环境决策机制的可行性

与聚合式民主相比，协商民主在政治实践中的成功需要更为严格的前提基础，而且有些时候这些前提基础甚至是苛刻的。罗伯特·古丁就说过与聚合式民主相比，协商民主更为苛刻，要求更为严格①。协商政治在诞生之初就需要一定的基础性条件。亚里士多德就主张将协商政治局限于贤惠的、明智的和富裕的人群之中。罗素也认为一定的社会经济平等性和文化同质性是协商民主的前提条件之一。哈贝马斯虽然没有明确提出协商民主的前提，但是其交往理性理论中的"理想的演讲情境"则暗含了一定的前提。因为理想的演讲情境假设了所有人都具有平等的资源与能力，能

---

① Robert Goodin, *Input Democracy*, *In Power and Democracy*: *Critical Interventions*. edited by Fredrik Englestad, Burlington, VT: Ashgate, 2004, pp. 79 – 100.

够准确地表达自己的观点，讨论并理解其他人的诉求。罗尔斯认为理想情况下协商民主应当在无知之幕（veil of ignorance）下进行。所谓无知之幕是指人们在参与决定制度安排时被一重厚厚的幕布所遮掩，不知道有关其他个人及其社会的任何特殊事实，过滤掉所有能够影响其公正选择的功利性信息。在无知之幕中，人们不知道自己的政治、经济、社会和阶级地位，不知道自己的资质、智力水平和影响力水平，没有特定的善的观念，没有特定的合理性生活的原则和心理特征，不了解自己的所处的社会环境、经济状态和文明水平，不了解自己的生态资源信息，不知道自己在什么样的历史前提下生活[1]。可以看出"无知之幕"意在制造人人平等的完全公平的协商博弈环境，由此迫使人们做出真正合理的选择。詹姆斯·伯曼（James Boman）认为政治上不平等的公民不具有公共协商能力，因此政治上的平等是实现协商民主的前提条件[2]。除了整体性的协商环境要求外，一些协商民主学者还在协商主体的个人能力方面提出了要求。例如古特曼与汤姆森（Amy Guttmann and Thompson Dennis）认为协商者的读写和计算能力是协商民主能够顺利进行的前提条件[3]。科恩（Joshua Cohen）发现在贫穷与教育水平较为低下的文化氛围中人们很少参与公共协商，因而认为一定的教育水平与经济发展水平是协商成功的必要条件[4]。具体到环境决策领域，学者们则认为实现基础在于社会的现代性，具体包括了社会经济与政治的平等性、教育水平或识字率、文化的同质性、一定的社会经济发展水平、现代化的社会与文化标准、制度的碎片化与多元化等方面[5]。而且由于环境协商民主是一种实质性民主，而不是象征性民主，因

① 侯晓丽：《对罗尔斯正义论中"原初状态"和"无知之幕"的反思》，载《喀什师范学院学报》2012年第2期。

② James Bohman, *Public Deliberation：Pluralism, Complexity, and Democracy*. MA：MIT Press, 1996, P. 148.

③ Amy Guttman and Thompson Dennis, *Democracy and Disagreement*. MA：Harvard University Press, 1996, P. 358.

④ Joshua Cohen, Power and Reason. In *Deepening Democracy：Institutional Inovations in Empowered Participatory Governance*, New York：Verso, 2003, pp. 237－255.

⑤ Manjusha Gupte, Robert V. Bartlet, Necessary Preconditions for Deliberative Environmental Democracy? Challenging the Modernity Bias of Current Theory. *Global Environmental Politics*, 2007, P. 3.

而环境协商应当由具有协商能力的公民参与才能实现①。可以说正是因为这些对前提条件的讨论，西方学者武断地认为环境协商民主只能在现代化社会中才能实现，尤其是在相对富足的、具有良好教育水平的西方才能实现②。这种观点无论在理论上还是实践中都是站不住脚的。例如曼聚莎·古比特（Manjusha Gupte）和罗伯特·巴特利特（Robert V. Bartlett）通过分析一个印度村庄的协商民主状况发现，发达的经济水平与现代性并不是协商民主在环境领域得以成功的必要条件，而具有包容性的制度与政体大小则具有重要影响，且文化同质性也是有效条件之一③。

我们认为，协商民主作为一种先进的政治理念并不局限于富裕的、教育良好的西方社会。其成功实施的前提条件包括粗略的平等、教育能力、共享的文化与语言理解等在发展中国家也一样具有的特征，而且取得环境协商民主成功所需的生态民主、对环境存在价值的认可等都不是只有西方发达国家才具有的特征，而且在我国社会主义制度下体现得更为充分。正如海沃德（Hayward）所论断的，在一个以市场为核心的经济体制中环境协商民主不可能繁荣兴盛④。作为新时代下具有中国特色的社会主义国家，我们有着社会主义制度、长期的民主协商传统、共同的生态文化和独特的生态集体主义等优势。

（一）优越的社会主义制度

马克思曾经明确指出，资本主义制度下人的智力不断被资本挖掘出来充当战胜自然的武器，大自然的地位从高高在上的神灵变成匍匐在人的脚下被支配、被驱使的奴隶，自然的统一性和完整性被各种资本化的大工业

① John Dryzek, *Deliberative Democracy and Beyond*：*Liberals*，*Critics*，*Contestations*. New York：Oxford University Press，2000.

② James Meadowcroft，Deliberative Democracy. In *Environmental Governance Reconsidered*：*Challenges*，*Choices and Opportunities*，MA：MIT Press，2004.

③ Manjusha Gupte，Robert V. Bartlet，Necessary Preconditions for Deliberative Environmental Democracy? Challenging the Modernity Bias of Current Theory. *Global Environmental Politics*，Vol. 7，2007，P. 3.

④ Hayward M Bronwyn，The Greening of Participatory Democracy：A Reconsideration of Theory. *Environmental Politics*，Vol. 4，1995，pp. 215 – 236.

撕成分门别类的原料碎片，成为被任意奴役的对象。① 在资本主义奉行的资本逻辑下，资本的无限增值性与自然资源的有限性存在着天生的、不可调和的矛盾与冲突，这不仅造成了严重的生态危机，更是当今资本主义经济危机的根源，生态危机是资本主义的第二重矛盾。资本主义的经济发展体系最初将经济系统看成一个不依赖外部环境的孤立系统，自然环境只是作为一个不变因素而存在的，虽然后来经过反思将古典经济学的框架拓展到了生态系统，将经济系统视为一个有限的、非增长的、存在于生态系统中的子系统，但同时也认为只要明确赋予生态系统服务以货币价值，并力争在市场化的经济生产、经营和管理中来体现量化的生态服务价值，那么我们就可以通过技术更新缓解当今世界所面临的生态危机。虽然这种改进在一定程度上有利于环境保护，但并不能解决问题。因为技术进步在提高自然资源利用效率的同时，也使经济规模日益膨胀导致对自然资源需求增加，而追求利润最大化的资本家对利润递减的常态性回应就是成本外部化，从而无论是在经济繁荣时期还是经济衰退时期其都没有为生态危机采取行动的内在激励行为。正如约翰·福斯特（John B. Foster）所指出的，资本主义制度把以资本形式积累财富视为社会的最高目的，这种资本寻求无限扩张的趋势与自然资源的有限性之间必然会存在一个巨大的张力，而资本为了达到增长的目的，本质上不会接受自身之外的任何阻碍，它必然要冲破一切阻力，一意孤行地致力于它的资本增殖事业，而不考虑任何可能导致的对生物圈的负面效应。所以将不惜投入大量的生产资料，不惜剥削和牺牲世界上大多数人的利益……以追求利润为终极目标的资本主义制度客观上必然要求不断地掠夺自然资源、加深环境的破坏程度，而要实现人与自然的和谐共生，只有通过社会主义②。

（二）长期的民主协商传统

中国的协商民主与西方协商民主的产生根源与机制都不相同，具有自己的独特的历史底蕴和优势。社会主义协商民主是中国共产党和中国人民的伟大创造，也是中国社会主义民主政治的特有形式和独特优势，更是党

---

① 马克思：《资本论》，人民出版社 2018 年纪念版。
② 约翰·贝拉米·福斯特：《马克思的生态学：唯物主义和自然》，高等教育出版社 2006 年版。

的群众路线在政治领域的重要体现，具有鲜明的中国特色。我们相信在社会主义民主协商基础上发展起来的协商民主环境决策机制一定可以实现环境决策过程中的听群言、集民智、增共识、聚合力、促和谐，为美丽中国的建设提供支撑。回顾历史，我国的协商民主起源于抗战时期的统一战线。所谓统一战线，具体是指在特定的历史背景下，不同社会政治力量在一定条件下，为了一定的共同目标而建立的政治联盟或联合。由于统一战线各方基于共同的认同、相互的尊重和互惠性利益形成，因而民主协商就自然成为其内在运行机制。我国最早的社会主义协商民主实践出现于抗日战争时期的陕甘宁边区，即当时陕甘宁边区的"三三制"。三三制是中国抗日战争时期在根据地建立的抗日民主政权在人员组成上采取的制度。根据三三制的规定，在政权机构和民意机关的人员名额分配上，代表工人阶级和贫农的共产党员、代表和联系广大小资产阶级的非党左派进步分子和代表中等资产阶级、开明绅士的中间分子各占 1/3。"三三制"的成功实践不仅促进了中国共产党领导的抗日战争的胜利，还为我国的多党合作和政治协商制度的形成进行了初步探索并积累了丰富经验。在解放战争时期，中国共产党进一步明确了结束国民党一党专制的最好方法就是以共产党和各党派的协议合作或共同选举为基础建立联合政府。解放战争胜利后，中国共产党通过人民政治协商会议创建了联合政府，民主协商再次成为实现我国民主政治的重要途径。中华人民共和国成立后，中国共产党通过与各种民主党派的民主协商共同孕育了中国共产党领导下的多党合作与政治协商制度。可以说，中国共产党基于统一战线所创造的协商民主提升了中国共产党的政治地位，孕育了中华人民共和国，从这个意义上讲，协商民主是中华人民共和国与生俱来的特征①。

到改革开放之后，我国的社会经济形势的变化对协商民主提出了更多的功能要求和现实任务，客观上要求协商民主走出传统的政党协商范畴进入更为广阔的社会领域。党的十八大报告首次提出"社会主义协商民主"概念，科学地回答了社会主义协商民主的本质属性、制度架构、渠道内容

---

① 林尚立、赵宇峰：《中国协商民主的逻辑》，上海人民出版社 2016 年版。

和基本原则，将协商民主从一种民主形式上升为一种制度设计。随后党的
十八届三中全会审议通过的《中共中央关于全面深化改革若干重大问题的
决定》进一步阐述了协商民主的重大意义，提出"协商民主是我国社会
主义民主政治的特有形式和独特优势，是党的群众路线在政治领域的重要
体现"的重要理论观点，并对推进协商民主广泛多层制度化发展做出全面
部署，明确要求拓宽国家政权机关、政治组织、党派团体、基层组织、社
会组织的协商渠道，深入开展立法协商、行政协商、民主协商、参政协
商、社会协商，协商民主在党、国家和人民生活的各个方面全面展开，形
成广泛多层制度化的发展格局，争取早日建成程序合理、环节完整的协商
民主体系。总而言之，协商民主作为实现中国共产党领导社会主义建设的
重要方式，客观上要求将我们社会主义协商民主纳入我国的环境决策程
序，坚持民主协商于环境决策之前、决策之中和决策之后。通过建构正当
的、全新的、制度化的协商民主环境决策机制，可以让我们的环境决策更
加民主化、科学化和法治化，使社会各阶层的环境利益和诉求得到坚实的
政治和制度保障。

（三）共同的生态文化

实践研究表明，共同的生态文化是实现环境决策协商转向的有力支
撑，在这一方面我国的社会主义生态文化具有独特优势。生态文化有着广
义和狭义的区别，广义的生态文化是人类新的生存方式，即人与自然和谐
发展的生存方式；狭义的生态文化则是以生态价值观为指导的社会意识形
态、人类精神和社会制度。生态文化是从人统治自然的文化，过渡到人与
自然和谐发展的文化。生态文化属于环境公共物品范畴，既涉及社会各个
方面的利益，也离不开政府、企业、公众、社团等各种利益相关者的共同
体参与，更与一个国家和地区的传统文化息息相关。同其他国家相比，我
国的社会主义制度使得中央政府具有强大的社会动员与管理优势，能够在
生态文明建设话语下将生态文化发展作为一种人们共同的行为准则和价值
理念，在全国范围内形成共同的生态文化，为协商民主环境决策机制的成
功提供有力支撑。

与其他国家和地区的生态文化不同，我国的生态文化跨越了人类中心

主义与生物中心主义的局限，是一种主张人与自然是生命共同体的生态文化。人与自然的生命共体意味着人与自然之间的和谐共生关系，因而在环境决策中需要秉承尊重自然、顺应自然的理念。这种观念既来自马克思的自然价值观，更来自中华传统文化的"天人合一"的哲学思想。就如同老子所说的"人法地，地法天，天法道，道法自然"①。荀子则更加明确地认为："草木荣华滋硕之时，则斧斤不入山林，不夭其生，不绝其长也；鼋鼍、鱼鳖、鳅鳝孕别之时，罔罟、毒药不入泽，不夭其生，不绝其长也。春耕、夏耘、秋收、冬藏四者不失时，故五谷不绝，而百姓有余食也；洿池、渊沼、川泽谨其时禁，故鱼鳖优多，而百姓有余用也；斩伐养长不失其时，故山林不童，而百姓有余材也。"② 如是中国博大精深的传统文化一直在告诉我们，人与自然在本质上是相通的，人类的社会经济活动都需要尊重自然，符合自然规律，这成为当代我国生态文化的历史基础。

在新时代中国特色社会主义理论下，我国的生态文化超越了西方社会先污染、后治理的传统经济发展模式，创造性地提出了绿水青山就是金山银山的新型经济发展观。绿水青山就是金山银山这一新型发展观明确指出了绿水青山和金山银山并不对立，保护生态环境就是保护生产力，改善生态环境就是发展生产力的社会主义生态文化论断。与其他生态文化相比，生态文明建设话语下的生态文化更加具有整体性思维，主张山水林田湖草既是生命共同体，也是一个相互依存、联系紧密的自然系统，共同构成了人类生存发展的物质基础，人的命脉在田，田的命脉在水，水的命脉在山，山的命脉在土，土的命脉在林和草。因而在生态环境保护上一定要算大账、算长远账、算整体账、算综合账。这与环境协商民主所主张的生态价值多元化与整体化的价值体系诉求不谋而合。

（四）独有的生态集体主义

协商民主理论要求协商主体应该独立地在公共协商民主过程中提出自己的利益和观点，但这种独立并不意味着不考虑其他利益相关者的利益诉

---

① 老子：《道德经·第 25 章》。
② 荀子：《荀子·王制》。

求。生态问题并不是个别人的问题，而是需要人类共同面对的危机，更是需要形成社会的普遍共识和集体力量，这就要求人类在环境协商中必然具有集体主义精神。与个体主义强调关注自我目标、自我独特性和自我控制价值观不同，集体主义以群体关联和个体之间的相互义务为核心，是一种关注集体目标，希望自己与他人保持一致从而更好地与他人相处的文化和价值观。当前我国集体主义精神在生态领域的具体体现为生态集体主义。所谓生态集体主义是指以马克思主义的生态观为指导，以人与人和人与自然之间的生命共同体关系为基础，保证社会的全面协调、可持续发展和每个人自由而全面发展的价值观念和道德原则。生态集体主义对人与自然关系的全新解读可以帮助我们建构一个更加具有生态意识的社会。在人和自然的关系上，生态集体主义强调的人类的共同利益其实就是人类赖以生存的整个自然。虽然每个人的环境利益千差万别，但每个人的环境利益都是建立在整个环境健康的前提下。生命共体作为一种真正的共同体，各个个体的发展之间是一种互为条件、互为目的、双向互动的关系，个人无法把共同体的力量置于自己的控制之下从而获得自己的自由，每个人都在自己的联合中，并通过这种联合获得自己的自由①。在社会主义生态集体主义理念下，生态集体并不仅限于由个人组成的整个人类社会这个集体，而是包含着由人与自然组成的整个生态环境的生命共同体，因为社会主义集体主义价值观强调人对自然的理性道德责任，并"在认识和实践中将道德共同体由人类社会扩及生物界或整个生态系统"②。而要获得这种自由就需要满足如下要求：（1）应当保持各类自然物永续地存在，因为若一类自然物为这一代人所拥有，却不能为下一代人所拥有，它就不能成为人类世代共有的财富。（2）应使各类自然物得到同等价值。若以牺牲一类自然物为手段来保存另一类自然物，就不能保证各类自然物都成为人类的共同财富，自然无从实现使整个自然成为人类的共同财富。（3）应按照自然规律（特别是生态规律）生活和生产，否则自然就会对人进行"报复"，

---

① 《马克思恩格斯选集（第1卷）》，人民出版社1972年版。
② 冯军：《宇宙和谐与"生态文化"——关于"人与自然"关系的伦理思考》，载《哲学动态》2005年第3期。

这样就不能使自然成为属人的和为人的存在①。

在生态文明建设体系下，实现生态集体主义主体的具体路径就是党在十八届五中全会上提出的创新、协调、绿色、开放、共享这"五大发展理念"。创新是生态集体主义关于中国特色社会主义现代化建设根本动力的价值要求；协调、开放是生态集体主义关于中国特色社会主义现代化建设内外环境的价值要求；绿色、共享是生态集体主义关于中国特色社会主义现代化建设两大规律的价值要求②。

二、我国发展协商民主环境决策机制的约束

客观地说，协商民主环境决策机制对于协商社会的经济发展水平与协商者的能力有着较高的要求，这在一定程度上产生了决策与现实的矛盾，必然也在一定程度上对我国实施环境协商民主决策机制产生了约束与限制。目前的约束与限制主要表现在国人的协商能力与冲突性的环境需求两方面。

（一）群众知识与参与能力的局限性

不可否认的是，要想实现协商民主环境决策机制的成功运作需要群众具有充足的理性和较强的政治参与能力。但在今天这个信息大爆炸的时代里，普通群众并不能够充分理解政策中包含的知识和常识，而现代环境决策常常带有较强的专业技术性，如果人民群众或群众组织所掌握的环境知识有限，自然就无法有效地表达自己的政治要求，也无力在协商民主的过程中去辩驳其他的政治主张。再者实现环境协商决策的过程要求普通群众具有较强的政治参与和话语沟通能力，否则将难以达成公民与政府之间的良性互动关系，更难以对政府公共政策的制定施加影响。总之，在现实生活中，我国普通群众知识理性的不足和政治参与能力的匮乏，是我们在实施协商民主机制之时必须要考虑的问题。

---

① 曹飞：《以人为本及其与人道主义、集体主义、生态主义的关系——兼论马克思主义价值体系》，载《理论导刊》2009 年第 7 期。

② 耿步健：《生态集体主义是生态共同体的价值基础——基于〈反杜林论〉的生态文明价值观思考》，载《毛泽东与邓小平理论研究》2016 年第 8 期。

（二）多元环境利益选择的矛盾

协商民主环境决策机制的目标是争取在众多协商者之间达成环境共识，而人们在不同的利益与认知情境下，对环境共识必然也有不同的理解。同时即使在同一个共同体中，由于社会经济地位的不同，其所追求的环境目标也是存在差异的，尤其是强势群体利益与弱势群体利益之间更是存在着矛盾与冲突。环境治理中经常出现的邻避现象就是明证，而在公共协商中更有甚者会有将群体利益伪装成公共利益。总之，在实际的环境协商决策过程中，协商者的参与、协商和诉求表达并不一定代表着公共性的环境利益，可能是有组织群体的特殊环境利益，而不是普遍的群众利益，这也在一定程度上影响着协商民主环境决策机制在我国的践行实践。

第二节　我国协商民主环境决策机制的过程

如何在我国拥有不同美好生活愿景的民众之间构建真实的对话，是我国协商民主环境决策机制成功的关键。进行真实的对话并不是一件易于实现的任务，其往往需要精心的程序设计。我国的协商民主环境决策机制实施过程既应包含公共协商的一般性特征，也应具有自己的特殊之处。我们认为其基本程序可以分为可能性论证阶段、协商准备阶段、充分协商阶段与达成具体决策阶段四个阶段。

一、我国协商民主环境决策的过程

（一）可能性论证阶段

实践表明并非所有的环境问题都适用于通过公共协商给出决策。研究表明各方环境利益的差异性与相互依赖性决定了通过公共协商给出环境决策的必要性与可行性。首先利益差异性决定了协商的必要性，因为如果各方环境偏好相同，那么自然不存在协商的必要，直接做出决定就可以了；其次如果各方的环境利益没有相互依赖性，那么也不会形成有效的协商，有的时候环境协商甚至可以成为某些强势利益主体的"羊皮"。人们也只有认识到相互之间的环境利益存在相互依存，才会有相互尊重性对话的动机。实践表明，失败的环境公共对话的主要障碍就是人们没有认识到各方的相互依赖性。每一方都需要与对方合作，各方利益相互融合在一起，又相互依赖。这是环境协商得以实现的基础性条件①。

（二）协商准备阶段

（1）确定环境议题与目标：在环境协商前必须确定即将面对的环境问题以及所要达到的目标是什么，这是任何环境协商的前提与基础。大卫·皮尔斯曾经在《绿色经济的蓝图》中将环境决策分为反应模式与预防模式两种②。由于协商民主环境决策机制需要较长的决策时间，因而其主要属于预防模式环境决策范畴。环境协商的议题必须由环境决策的受影响者协商决定，而不是由外部人决定。实践表明成功的环境议题大多是被共同的环境问题认知所驱动。例如美国旧金山市在湾区愿景的环境协商中，受影响各方就花了两年的时间来确定问题的本质与衡量标准，后来这成为环境协商取得成功的前提。

（2）划定受影响者范围：由于环境议题的受影响者并不是由行政边界决定而是由环境边界决定。与一般的协商民主程序不同，划定协商者范围在环境协商民主中既重要也困难。通常情况下环境协商要求任何受影响者都应进入协商之中。但在客观的协商实践中，协商者可能会超过协商场所与过程所能够容纳的时空范畴，如此就需要进行一定的排序。首先是受到决策直接影响的受影响者，即当事人；其次是重大利益相关者，即与决策有着密切关系者；再其次是利害关系人，即公共决策会影响的人；最后是一般意义上的相关者。可以说排序越靠前，与决策的相关性越强。

（3）选择环境协商主体：在协商民主环境决策机制中，选择协商主体的基础原则在于充分体现不同群体的环境偏好，因而不能采取抽样方式进行选择。环境协商实践表明依靠统计学的抽样方式往往不能形成全面的环境利益表达，例如在台湾地区的高雄跨港观光缆车的环境协商实践中，由于组织者

———————

① California State University, Sacramento Center for Collaborative Policy. Local Implementing Agency White Paper, 2016.

② 大卫·皮尔斯：《绿色经济的蓝图》，北京师范大学出版社1996年版。

在代表的选择上采取了分层抽样的方式引起了人们的质疑①。我国的协商代表选择可以通过利益相关者分析理论与奥尔森的流窜匪帮理论等方式加以选择。

（4）组建执行团队：恰当的执行团队有利于环境协商的成功。执行团队一般包括主持人和工作人员。执行团队应当由具有正义性且具有一定环境知识的第三方组成，其主要功能是确保各方都能在议程中提出建议与主张，同时也能劝阻不利于协商进行的非理性议程诉求。

（5）协商场所准备：民主集中制是保证环境协商主体有序参与的路径。环境协商不仅具有平等性、公开性、自主性的特征，同时也具备理性、责任性和共识性的特征，因而环境协商过程具有民主过程与集中过程两个相互统一的过程。通过民主集中制安排的协商场所可以在客观上形成一种既集中又民主、既有统一意志又有个人表达的公共协商氛围。缺少了民主过程的协商就失去了环境协商的意义，而如果离开集中的指导，环境协商就可能成为议而不决、决而不断的争吵。我们认为恰当的会场布置是在环境协商过程中实现民主集中制原则的硬件要求。小场所有利于进行小组化的深入讨论，而大场所有利于形成全体协商代表的集中意见。

（6）协商议题介绍：在环境协商过程中，对环境问题性质的认知是节省协商时间、进行理性讨论的基础。具体分为两个部分：一是议题介绍阶段，即通过相关专家的介绍，让协商人员充分了解议题的背景、范围与内容；二是议题解答阶段，即协商者在基本了解情况后，针对尚存疑问及其他想要了解的问题来咨询不同立场的专家学者对议题和政策选项的观点。这一过程并不一定需要所有协商代表进行面对面的交流讨论，也可以采取邮件、电话访谈和视频会议等较为低成本的方式进行。

（三）充分协商阶段

（1）确定讨论小组：依据一定的标准进行讨论小组划分是在环境协商中深入讨论环境问题时的必要选择。在确定了参加环境协商的各个利益方之后，协商组织者或者协商执行委员会需要根据参与者不同的环境利益类型或者环境决策的目标进行正确的分组。比如在萨克拉门托水资源论坛

---

① 蔡宏政：《公共政策中的专家政治与民主参与：以高雄跨港缆车公民共识会议为例》，载《台湾社会科学》2009 年第 43 期。

中，协商论坛的组织者即加州大学萨克拉门托分校将参会人员分成了公共利益、环境利益、萨克拉门托水资源利益、商业利益和山脚利益几种类型。需要注意的是，在环境协商过程中进行分组的时候，需要将环境专家分在一组，以避免其利用自己的专业知识优势操纵小组讨论。

（2）选举主持人：主持人对环境协商的顺利进行至关重要。一般情况下每个讨论小组都应配置一名主持人主持讨论，一名助理负责记录。在协商过程中，主持人需要维持协商秩序，帮助协商者进行互动交流，熟悉协商的目的及其进行方式，并让每个人都有充足的发言机会，同时确保协商过程不偏离主题。当然主持人也不是谁都可以胜任的，既需要具有管理能力，也需要相当的文化教育水平。表 5 - 1 是一些环境协商实践所选取的主持人实例，可以作为我国环境协商实践的参考。

表 5 - 1　　　　　　　　　　　环境协商主持人类型

案例	地区	组织者	主持人类型	来源
加州水论坛	北加州	加州政府	专家学者	萨克拉门托大学
Mendha - Lekha 村环境治理	印度	村委员会	环境非政府组织人员	本地环境非政府组织
中欧环境治理项目	嘉兴	环保部门	政府指派	政府部门
绿植焚烧炉项目	澳大利亚	地方政府	专家学者	社区学院
高雄跨港观光缆车	中国台湾	地方政府	专家学者	台湾大学社会学系
淡水捷运周边环境改造	中国台湾	地方社团	专家学者	淡水社区大学邀请

资料来源：根据相关资料整理所得。

（3）确定协商模块：通常情况下，在环境协商过程中需要明确协商内容并给出恰当的模块。一般情况下环境协商内容包括如下几个模块：1）协商者理想中的生态环境是什么样子的；2）实现理想中的生态环境的路径；3）实现理想环境生态的具体政策；4）达成环境治理共识或决策。

（四）达成具体决策阶段

这一阶段是经过协商形成最终决策方案阶段，人们在经过了前述的讨论过程之后就需要通过形成具体决策方案的方式结束协商，其具体包括如下几个过程。

（1）提出行动方案：在经过小组充分讨论之后，每个人根据自己的认识和理解提出具体的解决方案，并说明自己方案的重要性。随后小组通过辩论或投票的方式选出小组解决方案，提交大会审议。

（2）选择并评估方案：举行全体会议，不同小组对自己的解决方案加以说明，然后接受全体协商者的质询。

（3）形成共识或最后方案：最后全体协商者形成共识或共同决策。

二、我国环境协商的成功条件

任何背景下的环境协商过程都需要一定的成功条件。只是成功条件并不是环境协商取得成功的必要条件，而是有利条件。也就是说具备了这些前提条件意味着协商民主环境决策机制的协商过程更加具有正当性，也更有可能取得最好的决策结果。具体的成功条件包括解决协商规模难题、公开的协商过程、包容性的协商方式以及专业的协商促进团队等几个方面。

（一）解决协商规模难题

我国协商民主环境决策机制回应的是现实的环境问题与生态危机，如果其不能解决我国的现实环境问题，那么协商民主环境决策机制也就失去了发展意义。事实表明，协商政治实践中的最大的难题就是协商规模问题。所谓协商规模难题是指由于协商政治的成本约束，多数人不能直接参与，参与人数有限性难题，因为当协商参与者超出一定数量后，人们的演讲将代替人们相互之间的对话，甚至会导致环境协商的崩溃。

针对协商规模难题，不少学者提出了自己的解决方案。罗伯特·古丁认为有三种方式可以应对协商规模难题。一是以局部的、重叠的团体内的不连贯的协商取代在整个社会中进行的协商；二是用社会的一部分人组成的子集协商来取代全体成员的代用协商；三是通过内在的想象对话形成的内在协商。三者之中，罗伯特·古丁最为看重的就是内在协商。他认为内在协商将协商民主的大量工作转移至每一个协商个体的头脑之中是最为可行的方法。在现代的大规模社会中，外在集体协商永远不可能达到理论上的公共协商状态，而试图在某人的意识中重建这样的对话，也不可避免地失掉某些东西①。因而为了保证所有的声音出现在协商民主环境决策之中，就需要通过内在协商与外在协商互相弥补和纠正。约翰·德雷泽克则从限制角度提出了三种解决协商规模难题的方式。第一种是限定协商的范围与时间，即环境协商应该主要应用在具有重要性的、原则性的政策架构方面；二是在协商的时候规定决策时间点，如果没有形成共识，就通过投票结束协商；三是在具体的政策层面通过代表制解决一定程度的协商规模约束②。史蒂芬·扎维斯塔斯基（Stephen Zavestoski）等学者认为可以通过互联网技术来解决协商规模问题，相信"互联网能够为公民提供一个相互交流的论坛来分析不同的观点。讨论生态现实并不是一个零和赢者通吃的游戏。参与者进入讨论中应该具有达成象征性共识的可能性"③。客观上来说，互联网为人们提供了一个进入成本较低，并且具有一定的平等性优势的政治协商平台。不管你的教育背景、身份地位、性别年龄，只要你有自己的意见就可以利用一台电脑或者手机在公共领域内发表自己的意见以参与协商。相较于传统的面对面的交流方式，互联网协商更具灵活性，更可以突破传统的协商场域对于参与人数的限制，使得传统的小规模协商会议模式转向大规模的协商场域模式。

我们认为无论是古丁的内在协商与外在协商相结合的方式，还是德雷泽克限制代表人数与决策时间的方式，都有自己的优势与不足，因而需要我们在自己的环境协商实践中因地制宜，适时选择，不能局限于任何一种方法。而对于互联网协商而言，我们认为互联网确实提供了一个新的用于化解协商规模难题的协商平台，但其只能是面对面协商的一种补充而已。环境协商民主的有效性来自各协商主体之间的信任，而这种信任是不可能通过互联网建立起来的。此外互联网中的羊群效应（herd effect）④ 也会让

---

① 罗伯特·古丁：《内在的协商》，引自《协商民主论争》，中央编译出版社 2009 年版。

② 约翰·德雷泽克：《地球政治学：环境话语》，山东大学出版社 2012 年版。

③ Stephen Zavestoski, Democracy and the Environment on the Internet Electronic Citizen Participation in Regulatory Rule Making Science. *Technology & Human Values*, Vol. 3, 2006, pp. 383 – 408.

④ 羊群效应主要是用来描述个体的从众心理。羊群是一种没有主见的很散乱的组织，然而只要有一只羊行动起来，其他的羊也会不假思索地一哄而上，全然不顾前面可能有狼或者不远处有更好的草。"羊群效应"就是比喻人都有一种从众心理，从众心理很容易导致盲从，而盲从往往会使人陷入骗局或遭到失败。研究表明互联网中的羊群效应十分明显。

环境协商失去集体讨论的意义。针对这一点哈贝马斯就说过:"协商民主网络化让匿名、分散的公众的注意力集中于那些被选中的主题和信息,允许公民在任何给定的时间关注类似的经过过滤的问题和新闻片段。我们因为网络带来的平等主义的增长所付出的代价,就是对那些未曾编辑的材料的去中心化的接受。在网络中,知识分子失去了建构焦点的权利。"①

(二)公开的协商过程

科学合理的协商过程需要通过合理的协商制度设计与技术实现客观世界维度的真相与社会领域维度的正义性的目标,而实现这些目标的途径就是通过协商过程的公开性与透明性。

协商的公开是指协商内容的公开,协商过程的公开,协商结果的公开。公开性作为协商过程的过滤装置,一是可以解决对其他人的真实利益或偏好的忽视所带来的不公正;二是可以迫使人们过滤掉单纯自利性的立场。协商过程的公开性不仅意味着对所有人参与协商的持续性的开放性,同时也是多数派接受协商需要相互尊重这一共识。公开透明的协商使得协商中的多数派不能利用其优势导致少数派退出协商,每一种环境利益都被容纳在协商过程之中,并且即使少数派始终处于劣势,多数派也要在协商中承认少数派的利益与价值,少数派也不会感觉自己被永久性地剥夺了环境权利,这样即使少数派对环境协商结果并不十分满意,也依然有意愿继续参与持续性的公共协商过程。协商过程的公开性也是公共利益指向的保证。与代议制民主匿名投票不同,协商民主强调在整个协商过程中的公开透明性,由于协商的具体过程,参与者的偏好、支持或反对某种观点的理由等都是公开透明的,从而使得各个协商主体能够审视整个协商过程并提出自己的质疑与批评。也就是说在责任性原则的影响下,协商者必须保证自己所提出的观点和论据能够经受住其他参与者的审查。这样完全私利性的个人意志就会在协商过程中消失,而符合公共利益的共同意志则会显现出来。可以说如果没有公开性,协商政治就会变成少数人的特权,协商就会转变成潜规则或者阴谋,就会有投机者打着协商的旗帜实现个人利益。

---

① Jurgen Habermas, *Towards a United States of Europe.* Bruno Kreisky Prize Lecture, 2006, P. 3.

实现协商过程的公开性需要包括实现利益信息的公开、协商过程信息的公开与协商规则公开三个层面。（1）利益信息的公开：只有协商各方实现了信息对称、信息来源的多元化、信息的充分流动性，才让协商的正当性有了基础。利益信息公开需要通过一定的制度设计得以实现。而制度设计要保证参与协商各方的意图暴露性。研究表明，人们普遍参与讨论和争论过程的社会协商能够发现那些基于个人或集团利益的带有偏见性的政策，而且在讨论过程中那些荒谬和迷信的推理形式总会受到约束。通过精心的协商过程设计，我们可以将协商主体的真实意志或者诉求背景挖掘出来。这就要求在环境协商会议举行之前将即将参与协商的各方利益诉求以及背后的原因书面化，并在会议开始之前将相关材料交给各协商主体，而且要留出充分地理解与消化材料的时间与空间。由于环境协商中环境信息的专业性特征，专家的环境信息解读必然影响环境协商的结果。为保证专家信息解读过程中的真实性，专家的信息解读尤其需要公开。只有如此人们才会知道专家的意见是什么，其是否具有科学性与正当性。这样既可以避免为论证而论证、专家咨询走过场等现象，同时也促使专家坚持自己的职业操守，以客观公正的态度提供咨询服务，而不是成为特殊集体的利益代言人。（2）协商过程信息的公开：已经有充分的证据说明，政治辩论的结果过于依赖诸如发言顺序、辩论结束的时间等因素。协商过程信息的公开可以实现"玻璃橱窗中的协商"效果，让没有参加现场环境协商的人们如同站在玻璃橱窗外面一样，能够清楚地看到环境协商的全部内容。具体做法可以参照美国的行政会议公开制度，通过政府倡导或者法律规定，要求除符合法律规定可以免除公开的部分以外，环境协商会议必须公开举行，不能采取闭门会议的形式，或者让社会公众旁听会议，或者通过电视与网络直播的形式将整个协商过程在阳光下进行。当然环境协商过程信息的公开必须遵循法理的相关理念要求，即不能损害国家安全、社会公共利益，也要适当保护私人隐私和商业秘密。（3）协商规则的公开：协商规则的公开则可以确保每个协商主体都遵守共同的协商规则，避免少数人通过程序操作协商结果。环境协商要求"控制民主决策协商阶段的程序通过保证所有观点及其对立面都接受严格的公共审查，并且当他们受到挑战

时，任何参与者必须以为自己辩护或者提出反对理由的方式来保护平
等"①。也就是说协商的程序设计需要公开获得全体协商参与者的认可。
若想得到全体协商参与者的认可，那么在环境协商中使用的协商规则必须
是在共同的正义原则或共同的善的理念基础之上的公共推理。只有公共性
的推理才会在决策制定后，依然具有足够大的说服力来促进包括持不同政
见的每一个公民继续合作。例如科恩指出"一个人不能简单地提出其所认
为确凿的或有说服力的理由，这种想法会被理性的他人拒绝。一个人必须
找到那些对他人有说服力的理由，承认他人的平等，意识到他们有合理的
替代方案，并知道一些他人可能有的考虑"②。同时协商各方的相互尊重
与理解也是协商规则能够公开的基础。罗尔斯指出，协商需要遵循一定的
原则，即合理讨论规则：即参与政治协商的各方不能因为自我或团体利
益、偏见或者诸如意志形态上的错觉而指责别人。人们必须准备赞成差异
性观点，并且给予别人一定程度的信任。一旦不同参与者及其竞争性立场
进入协商制度，那么这些制度的内部运作机制不会给予特等参与者获取立
场以特别的优待。这也就是说人们对协商规则的认同与否只能是"某个人
在政治中的影响只是依靠其自身通过投票或选择一种决策而放弃另外决策
而表现出来的差异"③。即协商者不能运用自己的政治影响力来影响协商
规则的制定与使用。

（三）包容性的协商方式

协商方式的包容性包括协商话语、交流方式等多种包容维度。协商方式
的包容性在环境协商中具有更为重要的作用，其原因就在于许多生态环境价
值是无法通过理性辩论得到充分表达的。以爱丽丝·杨（Alice Young）为
代表的学者认为由于协商民主理论偏向于正式的、抽象的、冷静的和空泛的
言论，因而会在协商过程中导致协商过程偏向理性和冷静的发言，忽视感性
和激情的言论，从而造成协商偏向正式和抽象的推理，忽视特定团体的关

① 杰克·奈特：《协商民主要求怎样的政治平等》，引自《协商民主论争》，中央编译出版社 2009 年版。

② Johua Cohen, Procedure and Substance in Deliberative Democracy. *Democracy and Difference*, 1997, P. 100.

③ 约翰·罗尔斯：《正义论》，中国社会科学出版社 2001 年版。

注。为弥补协商民主中过于理性的问题，爱丽丝·杨和桑德斯（Sounders）等学者提出了问候、辩论、讲故事和陈述等几个叙事方式。所谓问候是指在讨论前或讨论中参与政治讨论的各方认识彼此的各种正式或非正式的方式。辩论指的是演讲和讨论的各种形式，这些形式将演讲者和特定听众紧密联系在一起，并能以特定的标志或文化价值观激起群众的共鸣。讲故事则是指演讲中某人通过叙述其个人生活以解释在社会中处于某一位置意味着什么或戏剧性地讲述某一群体所遭受的不公正待遇①。爱丽丝·杨等学者认为只有包容讲故事等叙事性协商方式才能保障环境协商的有效性。

我们认为在协商民主环境决策机制中，问候、辩论、讲故事等叙事性修辞方式相较于其他协商方式更具有意义，当然修辞性协商话语并不是对理性辩论的替代，而是对理性辩论的补充。协商政治学者戴维·米勒（David Miller，2006）就明确指出，协商民主本质上并不排斥修辞性话语，只不过是为了避免协商被激情四射的言辞所左右，而且政治发言并非都是冷冰冰的理性辩论，也包含了激情的表达方式，在协商中尽量采取温和性言论的目标在于降低冲突，促进协议的达成。毕竟在一个参与者到处表达极端观点的讨论中，人们是很难达成共识的。因此需要将修辞性话语包容入环境协商过程之中，使其成为协商过程中的一种合法性协商方式。相较于理性论辩，讲故事门槛较低，可以帮助协商者克服民主讨论障碍，尤其适合环境协商中的人类弱势群体和非在场主体的代表，这在一定程度上解决了缺乏理性辩论能力的后代人和环境等协商主体的协商能力问题，乃是协商民主环境决策机制实现有效协商过程的客观要求。在所有的修辞性话语中，由于讲故事的叙事方法尤其适合于将环境超验价值引入协商之中，并且能够提供一种可行性地将不容易在抽象协商方式中实现的价值表达出来的方法②。因此讲故事是环境

---

① 戴维·米勒：《协商民主不利于弱势群体？》，引自《作为公共协商的民主：新的视角》，中央编译出版社 2006 年版。

② Chan, K. M. A., Balvanera, P., Benessaiah, K., Chapman, M., Díaz, S., Gómez -Baggethun, E., Gould, R., Hannahs, N., Jax, K., Klain, S., Luck, G. W., Martín - López, B., Muraca, B., Norton, B., Ott, K., Pascual, U., Satterfield, T., Tadaki, M., Taggart, J., Turner, N., Opinion: why protect nature? Rethinking values and the environment. *Academic Science*, Vol. 11, 2016, pp. 1462 - 1465.

协商过程中不可或缺的协商方式。

环境领域中的讲故事是指针对一个或多个环境事件的描述性记录，是用组织化的方法将规范性和描述性融合于一起的叙述方式。一个完整的环境故事包含着环境行为者、环境行动、行为发生场景以及行为带来的后果等四部分。讲故事作为一种协商—解释性的叙事性解读，注重通过个人与环境之间的互动故事来形成环境意义与价值。由于生态环境的内在价值经常是感性的，而讲故事能够让环境协商者进入一个传统主流环境治理中难以被听到的生态环境氛围，高高在上的理性主义者可以暂时低下高傲的头颅，低头倾听人们与环境之间的精神联系，这就意味着虽然讲故事带来的是间接的、隐藏的环境价值，但同时也提供了一种超越自利的、效用最大化的价值建构过程，从而也更能体现生态环境的内在价值。与其他讨论方式相比，讲故事有助于形成情感式聆听，有助于建立对话者之间的信任，有助于缓解并解决冲突。不得不说现实世界中很难实现理想的演讲情境，人们不可能在环境协商的讨论过程中完全不带有个人或利益集团色彩，这就在客观上在协商主体之间形成了隔膜和怀疑。通过诉说自己的环境故事，环境协商中的各方就会因为对自身或他人个人信息的揭露和了解，相互之间产生信任与诚意。此外讲故事可以将抽象的环境议题变得更为容易理解①。讲故事作为一种论述与讨论方式可以邀请人们进入他人的生态世界，并且暂时放下自己本来对不同环境利益相关者的偏见与判断。因为当我们进入他人的生态世界中后就会静心聆听他人想传递的信息，然后反思其中包含着哪些道理。在你我他之间产生一种新的同情式的理解，或者说会有一种转化效果，引导人们进入完全不同的价值世界，最后改变态度。总之作为一种价值表达方式，讲故事能够最大化地体现生态价值，并且可以形塑一种反映文化与地方身份的认同，可以在象征性代表和区域感建构承担重要角色，只要引导恰当就会形成一个恰当的理想演讲情境。

要在环境协商过程中不再排斥或者忽略人们通过讲述生态或者环境故事来表达自己的环境价值诉求与认知，那么必须在协商过程中重新重视经

① 沈惠平：《台湾地区审议式民主实践研究》，九州出版社 2012 年版。

验性生态知识。与科学家针对生态事实给出的科学性解释不同，普通民众经常从文化信念和价值中赋予生态环境以符号性的意义与理解，也正是通过这些符号性的意义与理解，人们为环境现象构建了社会象征意义，而且形成了对真实环境利用的物理限制。因而如果在协商民主环境决策中只考虑专家意见而对民众的经验性知识置之不理，会让民众对环境协商失去通过讲故事等修辞性话语描述人与自然的精神关系的机会，那么就会忽略环境的存在价值，也会打击普通民众参与环境协商的积极性，这与我们需要的环境协商背道而驰。因此说将普通民众的生态经验观点融入环境协商之中是实现有效协商的必然要求。

（四）专业的协商促进团队

我国协商民主环境决策机制中的公共环境协商必须是真正的对话，而不能是虚夸的或仪式性的，在具有不同环境偏好甚至存在历史冲突的协商者之间更是如此。为了促成协商主体之间真正的对话，专业的协商促进团队就显得尤为重要。例如加州水论坛成功的重要原因之一就是雇佣了既专业又敬业的协商促进团队。观察加州水论坛的整个协商过程就会发现，正是在协商促进团队的努力下，各种利益相关者的声音都被倾听并得到了应有的尊重，也正是在协商促进团队的引导下，人们解决了相互冲突的利益诉求并达成了共识。

通常情况下协商促进团队包含了主持人、相关专家和工作人员三个部分，当然不同的协商实践中三者之间是存在着一定程度的交织的。在协商促进团队中最为重要的是主持人。与一般会议主持人只需要按照既定的流程，引导各方走完会议程序不同，环境协商中的主持人需要承担更多的功能，因而需要具有较高专业素养的人来担任。哈贝马斯就曾经指出，若想实现真正的协商，协商者必须合法地代表自己的诉求，必须真诚，其所讲述的内容必须为他人所理解，真诚性和可理解性的对话并不是天然形成的，而是需要专业性的协商工作人员来促成[①]。首先协商促进团队需要邀请受影响各方都能坐下来真正参与到协商过程之中，尤其要确保力量弱小

---

① Jürgen Habermas, *The Structural Transformation of the Public Sphere: An Inquiry into a Category of Bourgeois Society.* Bonston: The MIT Press, 1991.

的受影响者及时坐在协商圆桌前。其次协商促进团队需要帮助人们克服害羞与自私心理，让人们说出自己的真正想法。出于自我保护等目的，人们习惯在公共协商中隐藏自己的真正利益与偏好，主持人可以运用自己掌握的管理学，甚至心理学领域的知识储备，观察与会者的表情变化，感知其情绪体验，并通过讲话、眼神暗示等方式在会场中穿针引线，调节讨论气氛，营造平等、自由的协商氛围，让协商者在安全与舒适的环境中说出他人可能不喜欢的但是自己内心的真实想法。当然公共协商中各方的信任是需要通过长时间面对面的接触来建立的，而协商促进团队仅仅能为对话的真诚性提供有利条件。再其次主持人要注意会议时间限制，公平分配每个发言者的发言时间，在尊重与会者的同时保持会场的有序性，并在协商者的提议出现歧义时及时地要求协商者就歧义进行澄清。最后主持人需要在不限制协商者提出异议与挑战的基础上，当协商发生目标偏离的时候给予及时的提醒与纠正。要实现上述功能，协商促进团队就需要剥离自身的利益，放弃自己的立场，具备较高的人格魅力，既不因偏向公共权益而无视个人公民权益，也不高举个人私益伤害公共利益和政治权威，从某种程度上来说主持人更需要在"无知之幕"下开展工作。

协商促进团队中的专家的功能主要是确认信息的解读和来源的可靠性。专家在协商中指导大家分析数据，回答关于参数、假定与方法论方面的问题，直到相关信息对所有人都是有意义并且可接受的。专家在协商促进团队中一定要坚持独立性，并且不能对相关的价值诉求提出自己的意见，其主要的工作在于为人们解释不同环境行为下可能导致的愿景。协商促进团队中的工作人员也在促进协商成功方面具有重要作用，其工作主要包括了准备会议材料，邀请各方参加会议，保留会议记录，并将小组讨论中出现的问题及时反馈给主持人。

第三节　我国协商民主环境决策机制的目标

从环境政治角度来看，协商民主环境决策机制是对我国环境治理方式的绿化与民主化，也是我国进行生态文明建设的有机组成部分。我国的协商民主环境决策机制并不是学术研讨，其目标在于为我国现实的环境问题找出相对科学合理的解决方案。理论上讲，协商民主环境决策机制的目标是各方达成环境共识，但在现实的决策需求下，合意性（desirable）才应是协商民主环境决策的衡量标准。与环境共识一致，合意的环境决策一样可以提高环境决策的质量，解决环境诉求冲突，降低环境政策执行成本，提高环境决策执行效果。

一、环境协商类型与决策形式

评价民主决议规则必须权衡其结果与效率。不幸的是协商民主环境决策机制的决策结果与运行效率之间存在着颇为紧张的关系。与行政管制与市场决策相比较，建立在交往理性上的协商民主环境决策机制具有更为广泛的包容性，这种包容性固然带来了环境决策的正当性，但也对决策时间提出了更高的要求。由于协商民主环境决策需要协商各方进行反复协商以达成理性的环境共识，其必然需要较长的决策时间，这在客观上会导致整个环境决策过程迟缓，严重的甚至可能会出现协商者相互否决导致僵持不决、决而不断，无法形成环境决策的问题。正是由于这种共识性要求，协商民主在环境领域的应用主要集中在如下几种形式。

1. 环境共识会议。

环境共识会议最初产生于丹麦，主要的应用领域是科学技术领域。具体内涵是指由不具有专业知识的普通民众，针对具有争议性的环境政策或具体环境行政事项，进行公开性的讨论；讨论之后将经讨论形成的共同性环境愿景撰写成报告，并向社会大众公布，供政府决策部门参考的环境协商方式。环境共识会议适合于环境议题，影响范围较广，受到广大受影响者关切，涉及不同的价值冲突，环境议题具有高度的争议性，环境问题选项尚处于形成阶段，环境行为在因果认知上较为复杂，需要给予受影响者以技术为支撑的环境领域。环境共识会议的组织者既可以是政府职能部门也可以是社会团体组织，环境共识会议的规模相对较小，一般人数范围局限在 30～50 人，因而参加环境共识会议的代表属于政治代表，而非统计性代表。通常情况下，环境共识会议的主要目标在于扩大参与范围，从而一方面增加议题思考范围，另一方面提高受影响者对环境问题的认知与理解程度。通过环境共识会议，受到环境影响但不具有专业知识的协商可以改变精英决策的局限性，从而具有更好的正当性。

2. 环境公民陪审团。

公民陪审团源自 20 世纪 70 年代，主要目标在于让政府倾听人民心声，让决策者了解民众需要什么以及提出诉求的原因。通常环境公民陪审团针对的是地方性环境事务。虽然环境公民陪审团的参与人数也较少，一般在 20 人以内，但是协商者主要通过在科学的民意调查基础上随机抽样产生。相对于环境共识会议，环境公民陪审团形成的决策具有更强的强制色彩，往往会影响环境决策部门的环境决策。

3. 环境愿景工作坊。

环境愿景工作坊诞生于 20 世纪 90 年代，其主要目标是创造一个让具有不同认知的民众能够相互沟通了解的对话平台，从而让人们形成地方性环境未来发展图景，建构出共同行动的意愿。环境愿景工作坊的参与者一般为 15～30 人，协商代表为政治代表，通常分别代表受影响范围之中不同的社会角色。环境愿景工作坊形成的环境愿景代表了人们对未来区域发展的意愿，经常作为地方发展部门制定发展规划的指导性意见。

4. 协商民意调查。

协商民意调查由美国学者詹姆斯·费什金于 20 世纪 80 年代提出，是一种可以应用在较大范围内的环境协商范式，主要是通过问卷调查的形式来解读如果公众能够掌握充分的信息并经过审慎而理性的讨论，人们的环境偏好将会发生何种变化。费什金的研究表明公共协商带来的讨论与反思能够激发人们的环境意识。协商民意调查的结果只是展示了人们的环境意愿，并不会对环境决策产生强制的影响[①]。

如上所述，目前的环境协商实践都未追求具有强制力的决策效果，更多的是一种意见或建议，或者是对人们环境偏好与价值的更好理解，这既

---

① 谈火生：《协商民主的技术》，社会科学出版社 2014 年版。

是协商民主理论尚未深入融合环境决策导致的结果，同时也与协商决策方式的复杂性密切相关。

二、协商民主环境决策机制的决策

与其他环境协商实践不同，协商民主环境决策机制的目标在于得到确实的决策，因而其必须解决非正式的公共领域如何与决策领域有效连接的问题。理想的协商民主环境决策是通过协商者达成环境共识而形成决策。协商民主支持者相信协商能够有效推动一个复杂、分化的共同体达成一致决策，并使包括持异议者在内的所有成员都接受决策。在理想的协商民主中，如果各个协商主体在一个恰当的环境中讨论了足够长的时间，那么他们最终会达成共识，因为协商民主中是通过公共协商并不是简单的个人利益的聚合，而是基于所有参与者都能接受的道德理由来维护共同认可的公共利益。我们承认在公共协商所需条件都得到充分满足的基础上，其能够达成共识性决策。但是这是一种理想模式，而在现实的政治实践中，这种理想状态在日益多元化的现代社会中难于实现。协商民主是民主协商，而不是毫无调节的协商。例如埃尔斯特就曾经指出，单单是时间限制就已经使协商绝对不可能是达成集体决策的唯一程序，它总是需要将投票或讨价还价或两者一起作为补充[1]。

任何决策机制都不能一直协商下去，最终目标都是需要给出一个科学合理的问题解决方案。环境协商是有时间限制的，协商是要为决策服务的，无休止的协商只会贻误决策时机，必要的时候通过某种形式暂停协商既是可行的，也是必需的。为解决理想与现实之间的矛盾，协商民主学者提出了不同的意见。罗尔斯认为政治合法性也建立在全体同意的基础上，但为了具有实践意义，所谓全体同意并不要求每一个具体的决策都要经过全体同意，而是仅仅要求那些用于指导特定决策的大的原则和规则要经过全体同意。承认一个共同体用于决策的多数原则蕴含着共同意志的所有特点是绝对必要的。政策的合法性在于它已在不同观点的自由辩难中获得了

---

① 约翰·埃尔斯特：《协商民主：挑战与反思》，中央编译出版社 2009 年版。

多数人的赞同。当政策决策涉及特定目标时，只要它能满足这一条件，它就是合法的①。同时罗尔斯又提出了重叠共识的建议，主张为了使正义原则获得不同方面的支持，可以通过公共理性来寻求一种重叠共识，但并不要求人们接受重叠共识的理由必须一致，人们接受重叠共识的理由可以是不同的②。

哈贝马斯提出了一种双轨制模式。即非正式的公共领域形成公共意见，而正式的政治领域则形成决策，二者之间通过一定的渠道形成制度性的有机联系，那么在复杂多元社会中的法律和政策决策就可以是既理性又合法的。对于如何实现合理性与合法性的统一，哈贝马斯回应说，多数人达成的决策仅仅意味着是对于暂时停止进行中的讨论而言，决策仅仅是记录了多元分散意见的形成过程的暂时性结果。这种双轨制模式在现实的环境决策需求中具有一定的可操作性，但是必须确保协商与决策之间的制度性关系。在双轨模式领域，费什金的协商民意调查提出了协商与决策之间存在着的一种弱制度关系③。即通过协商民主调查帮助各方了解并说出了自己的想法，其对政府决策具有一定的影响，这在某种程度上而言，协商民主调查结果仅仅作为政府决策的一种参考，或者说政府在决策时一种值得倾听的声音。与哈贝马斯的双轨制模式不同，另一位协商民主学者科恩认为协商与决策并不应分离，协商是要在一个制度框架内过渡的决策。虽然其同样认为在无法达成共识的时候需要通过投票来结束协商，但是这种结束协商的投票并不发生在协商共同体之外，而是发生在协商共同体之中。在哈贝马斯的双轨制理论模式的启发下，协商理论的支持者杰克·奈特（Jack Knight）提出了一个新的协商和决策关系的模式：首先进行民主协商促进偏好转变，然后通过聚合程序将转变后的偏好形成决策。可以看出，在这种决策模式中，如果要达成决策，一定要停止协商引入聚合程序，或者说我们通过协商寻求真理，而为了达成决策必须通过投票来中断

---

① 伯纳德·曼宁：《论合法性与政治审议》，引自《审议民主》，江苏人民出版社 2007 年版。

② 惠春寿：《重叠共识究竟证成了什么——罗尔斯对正义原则现实稳定性的追求》，载《哲学动态》2018 年第 10 期。

③ 詹姆斯·费什金：《倾听民意：协商民主与公共咨询》，中国社会科学文献出版社 2015 年版。

这种寻求过程，这就形成了所谓的协商与决策的非连续性问题。

比较这几种协商民主决策方面的方式后，我们认为奈特范式较为适合环境领域，这种方式既具有协商民主特征，也能凸显决策的绿色特征。毫无疑问的是，协商民主环境决策机制也需求如何在存在时间约束的多元政治背景中寻找环境领域中的"共同的善"，即由清澈的河水、碧蓝的天空、青青的草地组成的良好的环境。但是如果共识难以达成，为避免协商无限期拖延下去，也可以通过妥协或多数原则结束协商。因为环境协商的目的在于明确社会作为一个整体应该如何采取行为才能达成行动意见。我们认为达成最终决策可通过达成共识、妥协和投票方式加以实现。理论上通过参与者相互暴露自己的原始观点，人们会改变偏好从而形成共同意志。但在实践中并不可能随时都实现观点与价值的完全融合，因而妥协与多数原则依然是必需的。但这种妥协与多数投票存在差异。因为这种妥协产生于如何实现社会整体利益的基础之上，而不是之前的为了满足个人利益的简单聚集。环境公共协商决策恰当的结果能够提供协商者继续合作的理由而不是简单地体现了多数意愿。投票也是一种结束环境协商的方式。当然环境协商决策机制中的投票不同于一般意义上的投票，环境协商中的投票是人们在经过协商与反思之后的投票，尤其是在经过环境协商后，追求环境利益的人数会在多数情况下增加，就不容易出现操纵选票的现象。同时通过公共协商，决策者能够听到利益各方关于政策的各种各样的意义、理由和价值的解读，人们已经在经过不同信息的冲击后做出了更为理性的投票选择，这时的选票更好地反映了协商主体之间观点的一致性程度，最有可能为决策者带来正确的信息。除了通过投票和妥协外也可以采取倒逼的方式促使环境协商各方达成共识，结束协商。比如英属哥伦比亚的资源与环境委员会在土地利用规划方面采取了这种方式。即在土地利用规划中，如果利益集团与当地社区达成了一致意见则政府与规划部门接受，如果双方不能达成一致意见，则最终由政府规划部门决定。由于协商各方无法确知政府规划部门将要做出什么样的决定，通常情况下，参与各方具有强烈的达成协议的动机。

需要特别指出的是，协商民主环境决策机制给出的决策需要具有开放性。在真实世界中，当人们就复杂且不确定的环境问题进行决策时，任何人都永远不会获得他所需要的所有环境信息，人们所获得某些信息与偏好都是零散的、不完全的，但由于我们必须在限定的时间内做出决定，时间紧迫性也使得收集全部信息的行为并不可行。所以说无论是集体还是个体的协商，信息从一开始就不完全，即使在协商过程中有了很大的改善，最终仍会以不完全结束。政治决策就是在不确定中进行的，人们通过交换各自提议的依据获得他们以往所没有的信息，并意识到一个特定的选择将带来的后果，如果这些后果与最初的目标发生冲突的话，他们将改变目标。因此说环境协商决策并非一劳永逸，而应该保持开放，需要在随着社会经济情况的变化，人们生态环境认知的加深，或者出现新的人类行为与环境损害之间因果关系的新证据的情况下，或者重新协商，或者由政策执行部门在协商的基础上做出变更。就如同古特曼和汤普森所指出的，协商是一个动态开放的过程，今天的协商纵然没有做出决策或者决策出现偏差，但是每一次协商都是临时的，都具有开放性意义，是下次协商的起点①。

第四节　我国协商民主环境决策机制的实施路径

协商民主环境决策机制没有放之四海而皆准的范式，因而我国发展协商民主环境决策机制必然需要与我国的社会经济发展现状与现实的环境治理需求相契合，既不能背离协商民主理论本身的内涵、价值属性和其倡导的基本价值追求，也不能脱离中国的具体实际来空谈环境协商，或者窄化协商功能使其退化成普通的参与式环境治理。我们认为我国发展协商民主环境决策机制的基本思路就是要在生态文明建设的大背景下，充分发挥具有中国特色的协商民主传统，构建以政府为主导，以企业为主体，与社会组织和公众共同参与的环境治理体系的要求相向而行的协商民主环境决策机制。

---

① 埃米·古特曼、丹尼斯·汤普森：《审议民主意味着什么》，引自《审议民主》，江苏人民出版社 2007 年版。

一、生态文明建设下的因地制宜

学者克里斯蒂诺（Christiano，2001）曾提出协商民主与其他民主形式的三种关系。第一种是贡献论，认为协商民主与聚合民主和自由民主是互补关系，协商民主能够强化和完善现有的民主体制；第二种是必要条件论，认为主要的民主运作都需要有公共协商的步骤；第三种是唯一论，认为协商民主是唯一合理的民主运作模式，其他的民主形式没有存在的必要①。我们认为由于社会—生态系统的复杂性与非线性，协商民主环境决策机制并不能回应所有的环境问题，应对所有的生态危机，因而更应该是当前环境治理方式的有益性补充与超越，这也就意味着协商民主环境决策机制在我国一定是嵌入式发展模式。所谓嵌入式发展是指将协商民主环境决策机制作为一种外来的、异质的民主理念和实践形式融入现有的政治经济结构之中。如果想要环境公共协商较为顺利地融入中国的主流政治话语，就必须在现有的政治思想传统和政治权力结构中找到容易对接的嵌入点，而生态文明建设就是协商民主环境决策机制需要嵌入的主流政治话语嵌入点。郇庆治教授（2018）认为，生态文明是一种超越农业文明和工业文明的以生态学为指导或统领的文明，生态文明属于哲学伦理范畴，有着较强的义理思辨色彩，而生态文明建设则更接近或指向社会实践层面，因而在很大程度上呈现为一个公共政策（管理）概念②。作为一种嵌入式的环境决策机制，其形成与发展一定要符合当前我国的社会经济发展状况，因地制宜，因时而定。发展水平不同的地区对生态服务有着不同的需求，也会对生态系统产生差异性的压力。比如一个地区的经济发展水平极低，人们的生产生活严重依赖于获取周围的自然资源，那么即使人们再小心翼翼地利用这些自然资源，每个人都消费很小量的自然物品，生态资源的总体消费量也是惊人的，极易造成森林、土壤与河流的非理性利用。例如贫困山区的农民由于没有货币购买其他能源，只能用本地的木材获取能

---

① 谈火生：《审议民主·编选说明》，江苏人民出版社 2007 年版。
② 郇庆治：《生态文明及其建设理论的十大基础范畴》，载《中国特色社会主义研究》2018年第 4 期。

源，这必然导致当地森林的过度砍伐。反之如果一个区域经济发展水平较高，并已经融入广阔的市场活动与交换网络中，那么人们不仅可以从环境资源施加更少负担的地方来购买生活必需品，也能通过确立环境物品的真实价格达到保护本地资源的目的。比如富裕的山区农民由于生活与发展不再仅仅依赖于当地的森林自然资源，其就会有资金购买煤油或者新能源等其他能源，这样就会降低对当地森林资源施加的压力。而且也会对周围的环境变化更加敏感，也更有能力与意愿进行环境保护工作。

我们认为在我国的协商民主环境决策机制的建构中不能无视我国的社会经济发展需求，协商民主环境决策机制不能成为我国社会经济发展的阻碍，只能是一种促进更好发展的决策机制。当然这里的发展并不是野蛮型的经济发展，更不是经济霸权主义，而是一种建立在生态文明建设背景下，强调资源节约型与环境友好型的新型发展模式。而为了确保协商民主环境决策机制不走入老路，就需要在超越资本逻辑、约束生态流窜匪帮和扭转路径依赖等方面做出努力。

（一）超越资本逻辑

资本主义赖以生存的资本逻辑决定了其发展必然伴随着环境破坏。在资本逻辑下，生态环境被异化为商品，其价值根源于人类对其的使用或交换性，这在根本上决定了资本主义经济发展对生态环境的破坏作用。作为具有新时代中国特色的社会主义国家，我们在发展协商民主环境决策机制时必然要跳出资本逻辑约束，构建出一种具有环境友好型和资源节约型的新型社会经济发展范式。为实现这一宏伟目标，我们可以从马克思主义的价值理论吸取养分，重新思考生态环境的价值体系。学者乔尔·科威尔（Joel Corwell）指出，我们应当在马克思政治经济学批判中所使用的两种价值形式之外，再增加第三种价值形式，从而在理论抽象概念的层面上与使用价值与交换价值的概念相对应。使用价值与交换价值两大概念位于资本主义世界体系内部，是诠释资本主义世界体系的重要概念。使用价值的概念对应了生产对自然的作用，而交换价值的概念则对应了货币演化过程中对物质世界的抽象概念。使用价值与交换价值这两种价值形式分别针对使用行为与交换行为，诠释了资本统治下的封闭的政治经济世界。我们应当在政治想象中提出第三种价值形式——一种尊重自然内在价值的价值形式，并将这种价值形式引入政治经济学的封闭体系之内，从而最终推翻资本对世界的统治①。可以看出科威尔认为重新重视环境的内在价值是打破资本逻辑的利刃。环境的内在价值因为并不与人类的生产过程直接相关，而是以人类感知中的自然本质为基础，也不能如同商品一样可以瞬间给予人们满足感，从而并不容易为人们所认知。然而环境的内在价值模式来源于自然环境本身，与人类的生活与生产行为无关，是打破资本积累诅咒的价值形式。内在价值作为一种意向价值模式，选择重视自然的内在价值意味着与资本逻辑的真实对抗，也挑战了资本逻辑的基础。通过重视内在价值的发展，可以建立一个由詹姆斯·奥康纳设想出的"重视使用价值"的转型社会，将以获取利润为目的的社会经济活动转变为以需求为目的的社会经济活动。

（二）约束生态流窜匪帮

生态流窜匪帮对于生态系统有着破坏性的作用，尤其是对生态环境的开发利用采用的"环境第一桶金现象"往往会造成不可逆的环境损害。所谓的"环境第一桶金"指的是个人或组织通过对环境资源的滥用而获得的收益。也就是在短期内滥用生态资源而不是保护生态资源可以获得较高的经济效益，而且从长期来看，滥用生态资源获得的收入可以被投资于其他领域而获得更大的经济效益。例如在一个林区，在短期内保护森林没有砍伐出售木材的经济收益高，但是从长期来看，砍伐森林产生的木材收入可以投资于其他领域并获得保持它存在更大的经济效益，于是外来者或者本地土著就有了捞一票就跑的动机，公共环境资源成了某些利益集团的原始积累，因而将生态流窜匪帮排除在环境协商主体之外是协商民主环境决策机制必须面对的挑战。在环境协商中排除生态流窜匪帮可以采用分析不同协商主体对生态服务的价值需求进行选择。不同的协商主体对生态系统的产品与服务需求是存在差异的，有的在于使用价值，而有的则在于交换价值。我们认为诉求于环境物品使用价值的协商主体更具有固定匪帮的

---

① 乔尔·科威尔：《生态社会主义：一种人文现象》，引自《当代资本主义生态理论与绿色发展战略》，中央编译出版社2015年版。

特性，而追求环境物品交换价值的协商主体则更具有流窜匪帮的特征。

（三）扭转路径依赖

每一地区的传统、文化、习惯和期望都是影响环境政策选择的因素，因而在决策制定过程中也要考虑到一个地区的路径依赖问题。一方面，一旦一个国家在最初采用一种政策，就会导致某种固定模式的政策导向、学习效应以及未来接受政策工具的经验。比如在空气治理方面，美国更倾向于许可证制度，而英国更喜欢征税，日本注重建立共识。不得不承认，我国在经济发展过程中也经历了或者正在经历一个先污染、后治理的环境治理过程。而扭转这一过程的机制就在于衡量环境决策标准的多元化，尤其要注意不能将效率作为唯一的决策衡量标准，还必须更多地考虑分配、信息和政治方面的标准，以及考虑政策实施的过程正义性。另一方面，我们也要摆脱自然资源利用最大化的旧思路。生态系统的复杂性与联系使得任何一种生态资源的开发与利用都具有很大的不确定性与复杂性。例如一个给定种群或生物类型的污染总负荷决定了生态系统的健康性，相应的损害是非线性的，而且随着地域、时间、种群密度以及其他污染物的交叉作用的改变而大幅度改变，这两种不确定性的结合造成了最优抑制和最优税收水平上更大的不确定性。在这种情况下，不同的工具存在着不同的执行效果，因而现行的政策不可避免地是协商的成果①。在具体政策的实施路径方面，我们认为需要重构生态环境的成本—效益分析框架。通过实践表明，传统的（货币化的）成本—效益分析已经不再适用于分析一项环境决策的正面与负面影响。因为既有的成本—效益分析过于狭隘，并不能充分体现生态服务的全经济价值，因此应当拓展成本与效益的范畴。即在进行成本—效益分析的时候通过经济学家、生态学家、社会学家更加深入的合作来理解并达成更加科学合理的生态服务的权衡选择，实现生态服务的调节功能、栖居功能、生产功能和信息功能都被给予充分赋值。

二、政府的主导地位

国家与政府在生态环境治理方面是个矛盾角色，其一方面可以推动国

---

① 托马斯·斯德纳：《环境与自然资源管理的政策工具》，上海人民出版 2005 年版。

家的环境保护，另一方面也具有生态自杀性风险。作为特色社会主义国家，我国政府更具有环境保护角色优势，适合在协商民主环境决策机制中发挥主导地位。一是我国作为社会主义国家，一切权力属于人民，政府是天然的人民合法权利的依靠和保护者。享受良好的生态环境是人民群众所拥有的天赋权利，政府作为全体人民合法利益的真实代表，自然地具有潜在地承担"公共生态托管人"的角色功能。二是我党提出的环境治理体系就是政府为主导，企业为主体，社会组织和公众共同参与的环境治理体系，在未来很长一段时期内，政府需要在多方面发挥环境治理功能，具体包含了改革生态环境监管体制。如加强对生态文明建设的总体设计和组织领导，设立国有自然资源资产管理和自然生态监管机构，完善生态环境管理制度，统一行使全民所有的自然资源资产所有者职责，统一行使所有国土空间用途管制和生态保护修复职责，统一行使监管城乡各类污染排放和行政执法职责等。

协商民主环境决策机制的高成本性也是赋予政府的主导地位的重要原因。成功的协商民主环境决策机制离不开必要且充足的资金支撑。没有可靠的资金来源，环境协商极有可能变成纸上谈兵。实践证明环境协商的运行成本很高。例如美国费什金教授举行的全国性协商民意测验，邀请了466位公民，相关费用包括每人325美元的酬劳费，还有住宿、路费、电视转播等共花计400万美元。加拿大不列颠哥伦比亚省的公民会议也花费了550万加元。中国台湾地区的社区协商成本也基本在13万~19万新台币。高昂的运行经费使得即便是美国、德国这样的富裕国家也常常被迫取消协商民主计划[1]。分析已经进行过的环境协商实践，其资金主要有两个来源，一个是各层级政府，另一个是各种基金会，而政府作为资金来源渠道更为普遍与可靠。例如目前较为成功的环境协商实践——加州水务论坛，其成功的前提就是每年由萨克拉门托市政委员会提供的100万美元[2]。作为社会主义国家，我国政府具有集中力量办大事的独有优势，必

---

[1] 谈火生：《协商民主的技术》，社会科学文献出版社2014年版。

[2] Judith E. Innes and David E. Booher, Collaborative Policy Making: Governance Through Dialogue. *Deliberative Policy Analysis*, London: Cambridge University Press, 2003, pp. 33 – 59.

然能够为协商民主环境决策机制提供充足的资金支撑。正如协商民主学者科恩所提出的，协商民主需要一定的经济基础，即资本公有制和企业工人自治[①]。当然也有学者提议协商民主环境决策机制应当以环境非政府组织为主导，这在西方国家的环境协商实践中较为流行。然而在我国当前的社会发展条件下，环境非政府组织也是心有余而力不足。发展中国家社会公众主体的价值取向是物质主义的，人们最为关心的是与衣食住行相关的物质需要与安全保证，只有少数的中产阶层和上层群体崇尚生活质量和个人自由，有着较多的时间、精力和金钱去思考环境保护等社会问题。实践表明信奉后物质主义价值观的公众才是环境非政府组织（NGO）生存与发展的社会土壤。由于中国目前缺乏这种土壤，环境 NGO 往往难以获得足够的资金与公众支持，自然也就无法成为协商民主环境决策机制的主导。

此外我国政府在环境信息方面的优势也促使其成为协商民主环境决策机制的主导。由于环境行为后代的非线性与延时性特征，普通民众经常是无法及时准确掌握这些信息的。比如监控一个矿场留下的碎石和渣滓或者污染物排放总量相对容易，但是如果监控几克砷、汞或者农药与家用化学品的残留量就很难。在这种环境因果链较长，且因果关系难以及时确定的情况下，具有充分的时间与资源优势的政府无疑最为合适。正如德国社会学家乌尔里希·贝克（Ulrich Beck）所指出的，在现代工业社会中，风险所引起的伤害通常是既不确定又不可见的，往往超越人类的直接感知能力，因而在相当程度上风险依赖于人们的科学或社会知识而存在，这意味着风险在知识话语里可以被夸大、削减或转化，甚至可以被社会任意界定和建构。这一认识上的转向与环境信息往往主要由政府等公共机构所掌握的事实相结合，使得政府环境信息的重要性凸显[②]。

当然为解决政府在协商民主环境决策机制中的信息不足问题，必须加强政府的环境信息公开工作。政府信息公开是公众做出风险判断的基础；反之，政府信息公开不足则会导致公众的信息饥渴。虽然我国政府在环境

[①] Joshua Cohen, The Economic Basisof Deliberative Democracy. *Social Philosophy & Policy*, Vol. 6, 1989, P. 2.

[②] 张森：《完善环境信息公开的政府传播视角》，载《社会学评论》2016 年第 4 期。

信息公开方面的法律法规并不缺失，但在具体落实上仍与国家现代环境治理要求和公众要求的环境知情权有着相当的差距，存在着政府主动公开环境信息不积极、各地发展不平衡、政府对依照申请公开的环境信息设置不合理的障碍。为解决这些问题，让协商民主环境决策机制不陷入环境信息饥渴的状态，我们可以从以下几方面入手：（1）在现有基础上适当扩大环境信息公开主体范围，将环境信息公开的主体进一步扩大到任何对环境负有公共责任、公开从事与环境相关工作或者提供有关环境公共服务的政府组织；（2）打造统一的环境信息公开平台，发展完善中国环境影响评价公众参与平台，并从便民角度实现平台环境信息的可视化与符号化，方便公众理解环境信息；（3）打造公众环境知情权保障机制和救济机制，政府监察机关关注信息公开侵权，开设环境信息公开法庭等。

政府在协商民主环境决策中的功能也要因时而异，并需要在不同的情况下采取不同的主导形式，具体可分为政府自己承办方式与政府委托方式两种。在政府自己承办方式中又可分为两种：一种是政府将环境协商作为自己的新增功能。当在生态危机或者环境公共事件出现后，既有的环境治理机构无法回应各方的环境矛盾冲突，满足不了民众环境诉求的时候，政府就可以决定是否以及如何组织环境协商。这种形式由于缺乏明确的法律和法规，政府的权限较大，对协商民主环境决策具有较大的影响，甚至存在着操纵环境协商的风险。另一种形式则是政府环境管理部门根据相关法律法规，就权责范围内的环境事务组织协商。这种形式主要用于常规类型的争议性事务，具有较高的制度化水平，但也存在着灵活性不足的问题。政府委托方式是政府将协商民主环境决策的组织权授权给第三方的方式。当政府既有的管理机构与相关职能无法应对突发性的生态危机与常规性的环境压力时，政府引入第三方机构组织民主协商，利用社会资源来进行环境评估和协商，从而为环境问题的解决提供新的方案。委托社会组织方式具有操作可行性和组织伸缩性较强的特点，而且由于社会组织不必受制于既有组织和规则的刚性约束，也相对熟知科学的协商操作流程，运作程序上更符合中立原则，是目前一种较受青睐的环境协商组织方式。

需要特别指出的是，不同层级的政府其在协商民主环境决策中的角色与功能也存在差异。中央政府在环境协商中的范畴应当集中于具有长远性、基础性的环境治理方案，在生态文明建设的总体设计和组织领导，完善生态环境管理制度，行使全民所有自然资源资产所有者职责等方面发挥作用。而地方政府则更多是集中于局域性的、技术性的针对具体环境问题的解决方案。

三、地方化与网络化的发展路径

作为一种新兴的环境决策机制，协商民主环境决策机制在我国环境治理的实践路径不能脱离现实，而应采取逐步推进的方式。我们认为具体的实践路径应为先从基层环境协商开始，并通过发展演化形成相互联系的协商民主环境决策机制网络。协商民主环境决策机制的地方化、基层化是环境治理的发展基础。网络化则是确保协商民主环境决策机制符合生态系统完整性的客观要求。

从某种意义上看，所有的环境决策都是地方的，因此人们在给出环境选择的时候总是优先考虑身边的环境问题，然后才会思考自己会怎样影响附近以及遥远地方的他人，或者说怎样与他们发生联系。出现这种情况的原因不在于人们环境行为的因果链条必然出现在当地，而在于环境破坏的短期可见性影响大都发生在地方层面。人都是自私的，环境领域也是如此，在今天的道德水平下要人们关心另一个区域、国家甚至半球的环境危机并不现实。正如史密斯在讨论环境协商的必要性时所指出的，当今社会的环境决策的主要缺陷来源于其决策者与公民的生活、经验与观点的日渐疏离。对于环境领域而言，环境决策往往发生在远离环境问题的发生地，决策者很多时候感受不到决策带来的生态环境变化。

从协商民主的发展情况而言，我国的基层协商民主已经具有了一定的实践基础。为了解决错综复杂的社会矛盾纠纷，基层社会的协商民主已经得到了蓬勃发展，逐步形成多种多样的协商民主制度，主要做法有民主恳谈会、参与式公共预算、民主听证、共识论坛、党群议事会、乡贤理事会、民情理事会、村（居）民协商理事会、社会协商对话会、民意裁决团、六步决策法、八步工作法等[①]。这些具有协商因素的基础民主治理实

---

① 陈家刚：《城乡社区协商民主重在制度实践》，载《国家治理》2015 年第 34 期。

践为协商民主环境决策机制提供了实践经验。个人与社会组织的环境协商能力并不是天生的，而是需要经历一个培养的过程。通过基层协商我们可以用具有较小的风险的方式培养自己的协商能力。人们在基层环境协商中的"干中学、学中干"过程中，培养自己的环境权利意识、理性精神和协商能力。同时也可以增加人与人之间、人与政府之间的相互尊重与信任，激发人们参与环境协商的主动性和创造性。例如较为成功的加州水论坛就是因为经过社区环境协商建立的投资商与环境团体之间的良好的工作性合作关系，为水论坛的协商提供良好基础。同时协商民主环境决策机制是一门行动中的学问，通过基层环境协商实践，可以帮助政府提高环境协商技术，解决环境协商过程中所必然面对的协商代表的合法性、协商过程的正当性与协商决策目标的合理性等挑战。尤其是环境协商属于问题导向范畴，大量的基层环境协商实践可以验证不同的协商技术的适用性，从而为环境协商的发展提供一个"工具包"。

如果说基层化与地方化确保了环境协商的知情性和可行性，那么网络化则解决了基层环境协商的地域性缺陷与环境协商的多主体问题。环境协商的网络化包括内部的网络化与外部的网络化两个层面。内部的网络化主要是解决环境协商的多主体要求。在多元主体的客观要求下，政府虽是主导，但并不是"统治者"，而只是协商主体中的一员，其他环境利益方也不再是纯粹的服从者，环境成为一个由政府、企业、环境非政府组织、公众等主体基于信任、规范开展互动合作、共同管理公共事务的过程，在这一过程中，多元主体在互信、互利、互存的基础上协商谈判，求同存异，最终达成一致的目标。

外部的网络化则是为了解决基层环境协商在生态领域和社会领域的局域性，避免缺乏整体性思维的问题。生态环境是一个复杂的、充满联系性的系统。单个的基层协商民主决策无法考虑到其他范畴内的生态问题，然而不同层次、不同区域之间的生态系统是有着复杂的、非线性的联系。比如以流域环境治理为例，上游的环境行为必然会影响到下游的环境利益，这样的话如果没有不同区域的环境协商的网络化，那么下游的环境利益则无法得到考虑。这也就是说，有些环境物品是全国性甚至全球性的，因而基层环境协商并不能解决所有的环境问题。另外村、镇、市、省，甚至全国对生态服务都有着不同的要求。如果不同层次间的环境利益缺乏一个互相沟通的平台与机制，不同层面的环境协商就会出现非合作博弈或零和博弈的局面，各方均选择自身利益最大化的行为，最后只能得到破坏性的区际间环境服务竞争，因而只有建立不同基层环境协商之间的网络化联系，才能形成一个覆盖全国的环境协商网络，促进各方展开平等的协商谈判，订立协议，在实现环境保护的基础上，达成某种均衡，实现共赢。在基层环境协商的网络体系中，不同基层环境协商网络之间的联系的关键在于网络节点。这些节点与本生态区域之间的利益各方存在一个强联系的关系，而对其他生态区域则属于弱联系。我们认为这些节点可以由政府的环境治理部门或者全国性（国际性）的环境非政府组织承担，因为这二者都具有较强的信息收集能力，也具有较强的环境治理动机。

参 考 文 献

［1］阿尔夫雷德·赫特纳：《地理学——它的历史、性质和方法》，商务印书馆 1983 年版。

［2］阿瑟·莫尔：《世界范围的生态现代化——观点和关键争论》，商务印书馆 2011 年版。

［3］埃米．古特曼、丹尼斯·汤普森：《审议民主意味着什么》，引自《审议民主》江苏人民出版社 2007 年版。

［4］艾迪·B. 魏伊丝：《未来时代的公正：国际法、共同遗产、世代公平》，法律出版社 2000 年版。

［5］爱蒂丝·布朗·魏伊丝：《公平地对待未来人类：国际法、共同遗产与世代间衡平》，法律出版社 2000 年版。

［6］安德鲁·多布森；《绿色政治思想》，山东大学出版社 2012 年版。

［7］伯纳德·曼宁：《论合法性与政治审议》，引自《审议民主》江苏人民出版社 2007 年版。

［8］蔡宏政：《公共政策中的专家政治与民主参与：以高雄跨港缆车公民共识会议为例》，载《台湾社会科学》2009 年第 43 期。

［9］曹飞：《以人为本及其与人道主义、集体主义、生态主义的关系——兼论马克思主义价值体系》，载《理论导刊》2009 年第 7 期。

［10］陈家刚编：《协商民主》，上海人民出版社 2004 年版。

［11］陈家刚编：《协商民主与政治发展》，社会科学文献出版社 2007 年版。

［12］陈家刚：《城乡社区协商民主重在制度实践》，载《国家治理》

2015 年 34 期。

［13］陈家刚：《生态文明与协商民主》，载《当代世界与社会主义》
2006 年第 2 期。

［14］陈家刚：《协商民主研究在东西方的兴起与发展》，载《毛泽东
邓小平理论研究》2008 年第 7 期。

［15］陈家刚：《协商民主引论》，载《马克思主义与现实》2004 年
第3 期。

［16］陈家刚：《协商民主中的协商、共识与合法性》，载《清华法制
论衡》2009 年第 1 期。

［17］陈朋：《国家与社会合理互动下的乡村协商民主实践》，上海人
民出版社 2012 年版。

［18］陈剩勇、杜洁：《互联网公共论坛：政治参与和协商民主的兴
起》，载《浙江大学学报（人文社会科学版)》2005 年第 3 期。

［19］陈剩勇、何包钢：《协商民主的发展》，中国社会科学出版社
2006 年版。

［20］陈焱光：《罗尔斯代际正义思想及其意蕴》，载《伦理学研究》
2006 年第 5 期。

［21］褚晓琳：《论"Precautionary Principle"一词的中文翻译》，载
《中国海洋法学评论》2007 年第 2 期。

［22］大卫·格列佛：《环境价值评估：关于可持续的未来的经济
学》，中国农业大学出版社 2011 年版。

［23］大卫·皮尔斯、阿尼亚·马肯亚、爱德华·巴比尔：《绿色经
济的蓝图》，北京师范大学出版社 1996 年版。

［24］大卫·皮尔斯：《绿色经济的蓝图》，北京师范大学出版社 1996
年版。

［25］戴激涛：《协商民主研究：宪政主义视角》，法律出版社 2012
年版。

［26］戴维·米勒等：《布莱克维尔政治学百科全书》，中国政法大学
出版社 1992 年版。

［27］戴维·米勒：《协商民主不利于弱势群体?》，引自《作为公共协商的民主：新的视角》中央编译出版社 2006 年版。

［28］戴维·佩珀：《生态社会主义：从深生态学到社会正义》，山东大学出版社 2012 年版。

［29］戴维·伊斯顿：《政治生活的系统分析》，华夏出版社 1998 年版。

［30］戴星星、俞厚木：《生态服务的价值实现》，科学出版社 2005 年版。

［31］丹尼尔·A. 科尔曼：《生态政治：建设一个绿色生活》，上海人民出版社 2002 年版。

［32］邓彩霞：《共识建构：环境公共事件中的协商民主——以××事件为例》，载《青海社会科学》2017 年第 4 期。

［33］董波：《亚里士多德论民主》，载《世界哲学》2019 年第 6 期。

［34］范云：《说故事与民主讨论——一个公民社会内部族群对话论坛的分析》，载《台湾民主季刊》2010 年第 1 期。

［35］方世南：《马克思社会发展理论的深刻意蕴与当代价值》，载《马克思主义研究》2004 年第 3 期。

［36］房宁：《协商民主是当代中国民主的重要特色》，载《中政协理论研究》2018 年第 4 期。

［37］冯军：《宇宙和谐与"生态文化"——关于"人与自然"关系的伦理思考》，载《哲学动态》2005 第 3 期。

［38］傅伯杰、刘国华等：《中国生态区划方案》，载《生态学报》2001 年第 1 期。

［39］格雷厄姆·斯密斯：《公民陪审团与协商民主》，中央编译出版社 2006 年版，第 188 页。

［40］耿步健：《生态集体主义是生态共同体的价值基础——基于《反杜林论》的生态文明价值观思考》，载《毛泽东与邓小平理论研究》2016 年第 8 期。

［41］顾金土：《协商民主视角下农村环境纠纷解决的路径探析——以沟通调解为例》，载《江西农业学报》2016 年第 4 期。

［42］国家行政学院：《生态文明建设读本》，国家行政学院出版社2015年版。

［43］汉密尔顿：《联邦党人文集》，商务印书馆1980年版。

［44］汉娜·阿伦特：《人的境况》，上海人民出版社2017年版。

［45］何包钢、王春光：《中国乡村协商民主：个案研究》，载《社会学研究》2007年第3期。

［46］何包钢：《协商民主和协商治理：建构一个理性且成熟的公民社会》，载《开放时代》2012年第4期。

［47］赫尔曼·E. 戴利：《超越增长：可持续发展的经济学》，上海译文出版社2001年版。

［48］黑格尔：《法哲学原理》，商务印书馆1979年版。

［49］亨利·S. 理查德森：民主的目的，引自《协商民主：论理性与政治》，中央编译出版社2006年版。

［50］恒曼曼：《生态系统服务功能及其价值综述》，载《生态经济》2001年第12期。

［51］侯晓丽：《对罗尔斯正义论中"原初状态"和"无知之幕"的反思》，载《喀什师范学院学报》2012年第2期。

［52］胡宝荣：《国外信任研究范式——一个理论述评》，载《学术论坛》2013年第12期。

［53］郇庆治：《环境政治学》，山东大学出版社2007年版。

［54］郇庆治：《环境政治学研究在中国》，载《鄱阳湖学刊》2010年第2期。

［55］郇庆治：《生态文明及其建设理论的十大基础范畴》，载《中国特色社会主义研究》2018年第4期。

［56］郇庆治：《21世纪以来的西方生态资本主义理论》，载《马克思主义与现实》2013年第2期。

［57］黄爱宝：《生态型政府构建与生态公民养成的互动方式》，载《南京社会科学》2007年第5期。

［58］黄东益：《民主商议与政策参与——审慎思辨民调的初探》，韦

伯文化出版社 2003 年版。

　　[59] 黄晓云:《协商民主——生态治理中的民主选择》,载《长江大学学报》2016 年第 2 期。

　　[60] 惠春寿:《重叠共识究竟证成了什么——罗尔斯对正义原则现实稳定性的追求》,载《哲学动态》2018 年第 10 期。

　　[61] 加勒特·哈丁:《生活在极限之内:生态学、经济学和人口禁区》,上海译文出版社 2001 年版。

　　[62] 杰克·奈特:《协商民主要求怎样的政治平等》,引自《协商民主论争》中央编译出版社 2009 年版。

　　[63] 杰克·奈特,詹姆斯·约翰森:《协商民主与政治发展》,社会科学出版社 2011 年版。

　　[64] 卡罗尔·佩特曼:《参与和民主理论》,上海人民出版社 2006 年版。

　　[65] 克鲁蒂拉·费舍尔:《自然资源经济学——商品性和舒适性资源价值研究》,中国展望出版社 1989 年版。

　　[66] 孔凡义、况梦凡:《生态政治及其协商民主转向——对话马修·汉弗莱教授》,载《国外理论动态》2016 年第 6 期。

　　[67] 雷毅:《深层生态学思想研究》,清华大学出版社 2001 年版。

　　[68] 李泊言:《绿色政治》,中国国际广播出版社 2000 年版。

　　[69] 李德超:《关于将对话性协商引入公众参与环境保护的思考》,载《黑龙江省政法管理干部学院学报》2013 年第 3 期。

　　[70] 李海艳:《论环境群体性事件中新媒体的协商民主机制》,广州:暨南大学 2015 年博士论文。

　　[71] 李金昌:《价值核算是环境核算的关键》,载《中国人口·资源与环境》2002 年第 3 期。

　　[72] 李立嘉:《论协商民主的生态政治治理作用》,载《重庆社会主义学院学报》2010 年第 5 期。

　　[73] 李万新、埃里克·祖斯曼:《从意愿到行动:中国地方环保局的机构能力研究》,载《环境科学研究》2006 年第 19 期。

［74］李薇薇、胡志刚：《论环境正义——从罗尔斯正义论关于动物和正义的思想说起》，载《自然辩证法研究》2008 年第 11 期。

［75］李义天：《地区共同体生态政治学的处方及其问题》，载于南京林业大学学报（社科版）2008 年第 2 期。

［76］李异平：《论环境公共治理的民主协商与沟通功能》，载《中国环境管理干部学院学报》2018 年第 3 期。

［77］李远行：《哈贝马斯程序主义民主述评》，载《政治学研究》2000 年第 3 期。

［78］林国明：《公共领域、公民社会与审议民主》，载《思想》2009 年第 11 期。

［79］林尚立：《协商政治：对中国民主政治发展的一种思考》，载《学术月刊》2003 年第 4 期。

［80］林尚立、赵宇峰：《中国协商民主的逻辑》，上海人民出版社 2016 年版。

［81］刘超：《协商民主视阈下我国环境公众参与制度的疏失与更新》，载《武汉理工大学学报（社会科学版）》2014 年第 1 期。

［82］刘京希：《国家与社会关系的政治生态理论诉求》，载《文史哲》2005 年第 2 期。

［83］刘娟、任亮：《协商民主视角下生态治理的制度框架与路径探析》，载《山西师大学报（社会科学版）》2017 年第 3 期。

［84］刘思华：《可持续发展经济学》，湖北人民出版社 1997 年版。

［85］刘思华：《生态马克思主义经济学原理》，人民出版社 2014 年版。

［86］刘涛：《环境传播：话语、修辞与政治》，北京大学出版社 2011 年版。

［87］刘卫先：《后代人权利：何种权利?》，载于《东方法学》2011 年第 4 期。

［88］刘卫先：《后代人权利理论批判》，载《法学研究》2010 年第 6 期。

［89］刘卫先：《回顾与反思：后代人权利论源流考》，载《法学论坛》2011 年第 3 期。

［90］罗宾·埃克斯利:《绿色国家:重思民主与主权》,山东大学出版社 2012 年版。

［91］罗伯特·古丁:《内在的协商》,引自《协商民主论争》,中央编译出版社 2009 年版。

［92］罗尼·利普舒茨:《全球环境政治:权力、观点和实践》,山东大学出版社 2012 年版。

［93］马奔:《环境正义与公众参与——协商民主理论的观点》,载《山东社会科学》2006 年第 10 期。

［94］马奔:《邻避设施选址规划中的协商式治理与决策——从天津港危险品仓库爆炸事故谈起》,载《南京社会科学》2015 年第 12 期。

［95］《马克思恩格斯选集》,人民出版社 1979 年版。

［96］马克思:《资本论》,人民出版社 1975 年版。

［97］马莹:《基于利益相关者视角的政府主导型流域生态补偿制度研究》,载《经济体制改革》2010 年第 5 期。

［98］毛里西奥·帕瑟休·登特里维斯:《作为公共协商的民主:新的视角》,中央编译出版社 2006 年版。

［99］莫茜:《哈贝马斯的公共领域理论与协商民主》,载《马克思主义与现实》2006 年第 6 期。

［100］默里·布克金:《自由生态学:等级制的出现与消解》,山东大学出版社 2012 年版。

［101］聂平平、王伟:《十八大以来国内协商民主研究:回眸与展望》,载《社会主义研究》2019 年第 1 期。

［102］齐格蒙特·鲍曼:《共同体》,江苏人民出版社 2007 年版。

［103］乔尔·科威尔:《生态社会主义:一种人文现象》,引自《当代资本主义生态理论与绿色发展战略》,中央编译出版社 2015 年版。

［104］冉冉:《中国地方环境政治——政策与执行之间的距离》,中央编译出版社 2015 年版。

［105］任丙强:《西方环境决策中的公众参与:机制、特点及其评价》,载《行政论坛》2011 年第 1 期。

［106］荣启涵：《用协商民主解决环境群体性事件》，载《环境保护》2011 年第 7 期。

［107］塞拉·本哈比：《走向审议的民主合法性模式》，引自《审议民主》，江苏人民出版社 2007 年版。

［108］沈惠平：《台湾地区审议式民主实践研究》，九州出版社 2012 年版。

［109］斯蒂芬·艾斯特：《第三代协商民主》（上、下），载《国外理论动态》2011 年第 3 期。

［110］古斯塔夫·勒庞：《乌合之众》，北京大学出版社 2016 年版。

［111］宋菊芳：《协商民主视域下公众参与环境立法的思考》，载《甘肃政法学院学报》2014 年第 5 期。

［112］谈火生编：《审议民主》，江苏人民出版社 2007 年版。

［113］谈火生：《民主审议与政治合法性》，法律出版社 2007 年版。

［114］谈火生：《协商民主的技术》，社会科学文献出版社 2014 年版。

［115］谭荣：《自然资源合理利用和经济可持续发展》，载《自然资源学报》2005 年第 5 期。

［116］托马斯·斯德纳：《环境与自然资源管理的政策工具》，上海人民出版社 2005 年版。

［117］汪若宇、徐建华：《环境治理中的协商式公众参与——基于文献案例的研究》，载《公共管理评论》2018 年第 2 期。

［118］王彬辉：《协商民主理念下加拿大公众参与环境法律实施的路径选择及对我国的启示》，载《时代法学》2014 年第 4 期。

［119］王冰：《环境价值的多元不可比性及其字典式偏好研究》，载《中国人口资源与环境》2012 年第 3 期。

［120］王凤才：《哈贝马斯交往行为理论述评》，载《理论学刊》2005 年第 4 期。

［121］王海成：《协商民主视域下的环境群体性事件治理研究》，载《华中农业大学学报（社会科学版）》2015 年第 3 期。

［122］王欢：《协商民主语境下群体环境公正研究述评》，载《中华

女子学院学报》2014 年第 2 期。

[123] 王金南：《环境经济学——理论·方法·政策》，清华大学出版社 1994 年版。

[124] 王朋薇、钟林生：《协商货币评估法在生态系统服务价值评估中的应用》，载《生态学报》2018 年第 15 期。

[125] 王秋辉：《生态政治的理论渊源浅探》，载《法制博览》2017 年第 24 期。

[126] 王晓东：《西方哲学主体间性理论批评》，中国社会科学出版社 2004 年版。

[127] 王学义：《工业资本主义、生态经济学、全球环境治理与生态民主协商制度——西方生态文明最新思想理论述评》，载《中国人口·资源与环境》2013 年第 9 期。

[128] 王勇、王希博：《论环境非政府组织参与环境治理的实施机制——基于协商民主的视角》，载《江西理工大学学报》2018 年第 4 期。

[129] 王治河：《中国式建设后现代主义与生态文明的建构》，载《马克思主义与现实》2009 年第 1 期。

[130] 沃克等：《弹性思维：不断变化的世界中社会－生态系统的可持续性》，高等教育出版社 2010 年版。

[131] 吴麟：《新闻媒体、公共决策与"协商民主"》，载《湖南大众传媒职业技术学院学报》2006 年第 5 期。

[132] 习近平：《弘扬人民友谊共同建设"丝绸之路经济带"》，载《光明日报》2013 年 9 月 8 日。

[133] 习近平：《推动我国生态文明建设迈上新台阶》，载《求是》2019 年第 1 期。

[134] 夏学銮：《代际公平：当代与后代的绵延》，载《江西社会科学》2006 年第 11 期。

[135] 谢保军：《生态资本主义批判》，中国环境出版社 2015 年版。

[136] 徐向东：《自由主义、社会契约与政治辩护》，北京大学出版社 2005 年版。

[137] 徐云、曹凤中：《对环境信息公开与公众参与的思考》，载《中国环境管理》2011 年第 4 期。

[138] 徐志摩：《再别康桥》，中华书局 2016 年版。

[139] 许纪霖：《在合法与正义性之间——关于两种民主的反思》，载《战略与管理》2001 年第 6 期。

[140] 轩玉荣：《生态共同体：人与自然关系的融合建构》，载《哈尔滨学院学报》2011 年第 7 期。

[141] 岩佐茂：《环境思想研究：基于中日传统与现实的回应》，中国人民大学出版社 1998 年版。

[142] 杨煜、李亚兰：《基于协商民主的生态治理公众参与研究》，载《科学社会主义》2017 年第 4 期。

[143] 尤根·哈贝马斯：《交往行为理论》，上海人民出版社 2004 年版。

[144] 尤根·哈贝马斯：《交往与社会进化》，重庆出版社 1989 年版。

[145] 尤根·哈贝马斯：《在事实与规范之间》，三联书店 2003 年版。

[146] 于博：《"完全理性""有限理性"和"生态理性"——三种决策理论模式的融合与发展》，载《现代管理》2014 年第 10 期。

[147] 余谋昌：《生态哲学》，陕西人民教育出版社 2000 年版。

[148] 俞可平：《治理与善治》，社会科学文献出版社 2002 年版。

[149] 虞伟：《中国环境保护公众参与——基于嘉兴模式的研究》，中国环境出版社 2015 年版。

[150] 袁廷华：《论政治协商的政治功能、民主价值和完善途径》，载《中央社会主义学院学报》2006 年第 5 期。

[151] 约·埃尔斯特：《协商民主：挑战与反思》，中央编译出版社 2009 年版。

[152] 约翰·S. 德雷泽克：《协商民主及其超越：自由与批判的视角》，中央编译出版社 2006 年版。

[153] 约翰·巴里：《抗拒的效力：从环境公民权到可持续公民权》，载《文史哲》2007 年第 1 期。

[154] 约翰·贝拉米·福斯特：《马克思的生态学：唯物主义和自

然》，高等教育出版社 2006 年版

［155］约翰·贝拉米·福斯特：《生态危机与资本主义》，上海译文出版社 2006 年版。

［156］约翰·德雷泽克：《地球政治学：环境话语》，山东大学出版社 2012 年版。

［157］约翰·德雷泽克：《协商民主及其超越：自由与批判的视角》，中央编译出版社 2006 年版。

［158］约翰·罗尔斯：《正义论》，中国社会科学出版社 1988 年版。

［159］岳晓鹏：《基于生物区域观的国外生态村发展模式研究》，天津大学 2011 年博士论文。

［160］詹姆斯·奥康纳：《自然的理由——生态马克思主义研究》，南京大学出版社 2003 年版。

［161］詹姆斯·博曼：《公共协商：多元主义、复杂性与民主》，中央编译出版社 2006 年版。

［162］詹姆斯·博曼、威廉·雷吉：《协商民主：论理性与政治》，中央编译出版社 2006 年版。

［163］詹姆斯·费什金：《倾听民意：协商民主与公众咨询》，中国社科科学文献出版社 2015 年版。

［164］张保伟：《论生态文明建设与协商民主的协调发展》，载《河南师范大学学报（哲学社会科学版）》2018 年第 2 期。

［165］张珞平、陈伟琪、洪华生：《预警原则在环境规划与管理中的应用》，载《厦门大学学报（自然科学版）》2004 年第 8 期。

［166］张森：《完善环境信息公开的政府传播视角》，载《社会学评论》2016 年第 4 期。

［167］张旭春：《生态法西斯主义：生态批评的尴尬》，载《外国文学研究》2007 年第 2 期。

［168］赵闯：《生态、价值多元与民主》，载《中国地质大学学报（社科版）》2012 年第 5 期。

［169］赵凌云、夏梁：《论中国特色生态文明建设的三大特征》，载

《学习与实践》2013 年第 3 期。

[170] 郑度：《中国生态地理区域系统研究》，商务印书馆 2008 年版。

[171] 中国社会科学院哲学研究所：《哈贝马斯在华讲演集》，人民出版社 2002 年版。

[172] 周国文：《自然与生态公民的理念》，载《哈尔滨工业大学学报（社会科学版）》2012 年第 3 期。

[173] 周珂、腾延娟：《论协商民主机制在中国环境法治中的应用》，载《浙江大学学报（人文社会科学版）》2014 年第 6 期。

[174] 朱炳元：《资本论的发展观》，载《马克思主义研究》2005 年第 1 期。

[175] 朱迪·丽丝：《自然资源：分配、经济学与政策》，商务印书馆 2005 年版。

[176] 朱凤霞：《国内协商民主研究：热点、发展脉络与趋势——基于 CNKI 数据库的知识图谱分析》，载《国家行政学院学报》2018 年第 2 期。

[177] 朱勤军：《中国政治文明建设中的协商民主探析》，载《政治学研究》2004 年第 3 期。

[178] 庄丽静：《论生态理性》，载《中南林业科技大学学报（社会科学版）》2014 年第 3 期。

[179] Aberley. D. , Futures By Design：The practice of Ecological Planning. Gabriola Island, BC：New Society Publishers, 1994, P. 56.

[180] Adolf G. Gundersen, *The Environmental Promise of Democratic Deliberation.* Madison, WI：University of Wisconsin Press, 1995.

[181] Adrian Martin, Just Deliberation：Can Communicative Rationality Support Socially Just Environmental Conservation in Rural Africa? *Journal of Rural Studies* , Vol. 28, 2000, pp. 189 – 198.

[182] Amy Guttman and Thompson Dennis. *Democracy and Disagreement.* MA：Harvard University Press, 1996, P. 358.

[183] Andreas Klinke, Deliberative Democratization across Borders：Participation and Deliberation in Regional Environmental Governance. *Procedia So-*

cial and Behavioral Sciences, Vol. 14, 2011.

[184] Andrew Dobson Democratising Green Theory, Preconditions and Principles. *Doherty and de Geus*, 1996.

[185] Andrew Dobson, Environmental Citizenship: Towards Sustainable Development. *Sustainable evelopment*, Vol. 9, 2007, pp. 36 – 48.

[186] Anna Zachrisson, Management of Protected Areas in Norway and Sweden: Challenges in Combining Central Governance and Local Participation. *Journal of Environmental Policy and Planning*, Vol. 12, 2001, pp. 159 – 177.

[187] Arild Vatn. , An Institutional Analysis of Methods for Environmental Appraisal. *Ecological Economics*, No. 68, 2009, pp. 2207 – 2215.

[188] A. Vatn, The Environment as a Commodity. *Environmental Values*, 2000, 9.

[189] Barber, B. , *Strong Democracy: Participatory Politics for a New Age*, Berkeley and Los Angeles: University of California Press, 1984.

[190] Berg peter and Dassman, *Reinhabiting California In Home: a Bioregional Reader*. Philadelphia: New Society Publishers, 1990, pp. 35 – 38.

[191] Bill Devall and George Sessions. , *DeepEcology: Living as if Nature Mattered*. Salt Lake City: Peregrine Smith Books, 1985, pp. 88 – 89 + 100.

[192] Bowen Newenham, When suits meet roots: The Antecedents and Consequence of Community Engagement Srategy. *Journal of Business Ethics*, Vol. 2, 2010, pp. 297 – 318.

[193] Bronwyn M. Hayward. The greening of participatorydemocracy: A reconsideration of theory. *Environmental Politics*, Vol. 4, 1995, pp. 215 – 236.

[194] Brouwer, R. , Powe, N. , Turner, R. K. , Langford, I. H. , Bateman, Public Attitudes to Contingent Valuation and Public Consultation. *Environmental Value*, 1999, pp. 325 – 347.

[195] Brown, S. R. , *Political Subjectivity: Applications of Q Methodology in Political Science New Haven*. CT: Yale University Press, 1980.

[196] California State University, SacramentoCenter for Collaborative Policy. Local Implementing Agency White Paper, 2016.

[197] Chan Ho Mun, Rawls' Theory of Justice: A Naturalistic Evaluation. *Journal of Medicine & Philosophy*, Vol, 3, 2005, pp. 123 – 142.

[198] Chan, K. M. A., Balvanera, P., Benessaiah, K., Chapman, M., Díaz, S., Gómez – Baggethun, E., Gould, R., Hannahs, N., Jax, K., Klain, S., Luck, G. W., Martín – López, B., Muraca, B., Norton, B., Ott, K., Pascual, U., Satterfield, T., Tadaki, M., Taggart, J., Turner, N. Opinion: why protect nature? Rethinking values and the environment. *Academic Science.*, Vol. 11, 2016, pp. 1462 – 1465.

[199] Chevalier, J. M., Buckles, D. J. SAS2, *a Guide to Collaborative Inquiry and Social Engagement.* Sage Publications, 2008.

[200] Christina Prell, Klaus Hubacek, Mark Reed, Stakeholder Analysis and Social Network Analysis in Natural Resource Management. *Society & Natural Resources*, Vol. 22, 2009, pp. 501 – 518.

[201] Clive L. Spash. Deliberative Monetary Valuation. Paper for presentation at 5th Nordic Environmental Research Conference, 2001.

[202] C Riedy, J Herriman. Deliberative Mini – publics and the Global Deliberative System: Insights from an Evaluation of World Wide Views on Global Warming in Australia. *Portal Journal of Multidisciplinary International Studies*, Vol. 1, 2011, pp. 23 – 36.

[203] Crispin Butteriss a, John A. J. Wolfenden a & Alistair P, Goodridge, Discourse Analysis: a Technique to Assist Conflict Management in Environmental Policy Development. *Australian Journal of Environmental Management*, Vol. 8, 2001.

[204] Cummings, R. G., Brookshire, D. S., Schultze W. D. (Eds.), *Valuing Environmental Goods: A State of the Arts Assessment of the Contingent Method.* NJ: Roman and Allanheld, Totowa.

[205] Danie Bromley, *Sufficient Reason. Volitional Pragmatism and The*

Meaning of Economic Institutions. New Jersey: Princenton University Press, 2006.

[206] Daniela Kleinschmit, Confronting the Demands of a Deliberative Public Sphere with Media Constraints, *Forest Policy and Economics*, Vol. 16, 2012, pp. 112 – 115.

[207] David A. Crocker, Deliberative Participation in Local Development. *Journal of Human Development*, Vol. 8, 2007.

[208] David Kahane, *Deliberative Democracy in Practice.* Vancouver: UBC Press, 2010.

[209] David Michael Ryfe, The Practice of Deliberative Democracy: A Study of 16 Deliberative Organizations. *Political Communication*, Vol. 19, 2002.

[210] D. Berthold – Bond, The ethics of "place": Reflections on bioregionalism. *Environmental Ethics*, Vol. 3, 1998, pp. 35 – 56.

[211] Dennis F. Thompson, Representing Future Generations: Political Presentism and Democratic Trusteeship. *Critical Review of International Social and Political Philosophy*, Vol. 13, 2010.

[212] Dennis F. Thompson, Representing future generations: political presentism and democratic trusteeship. *Critical Review of International Socialand Political Philosophy*, Vol. 1, 2010, pp. 17 – 37.

[213] Doherty, B. and M. de Geus (eds.), *Democracy and Green Political Though.* London: Routledge, 1996.

[214] Douglas C. Macmillan a, Lorna Philip, Valuing the Non – Market Benefits of Wild goose conservation: a Comparison of Interview and Group – Based Approaches. *Ecological Economics*, Vol. 43, 2002, pp. 49 – 59.

[215] Edward C. Weeks, The Practice of Deliberative Democracy: Results from Four Large – Scale Trials. *Public Administration Review*, Vol. 4, 2000.

[216] Felix Rauschmayer, Evaluating Deliberative and Analytical Methods for the Resolution of Environmental Conflicts. *Land UsePolicy*, Vol. 23, 2006,

pp. 108 – 122.

［217］ Flyvbjerg, B. Ideal Theory, Real Rationality: Habermas Versus Foucault and Nietzsche. *Paper for the Political Studies Association's 50th Annual Conference*, London School of Economics and Political Science, 2000, pp. 10 – 13.

［218］ Folke, et al, Resilience and Sustainable Development: Building Adaptive Capacity in a World of Transformations. *AMBIO: A Journal of the Human Environment*, Vol. 31, 2002.

［219］ Forester, J. , *The deliberative Practitioner: Encouraging Participatory Planning Processes.* Cambridge MA: MIT Press, 1999.

［220］ Gerald F. Vaughn. The Land Economics of Aldo Leopold. *Land Economics*, Vol. 75, 1999, pp. 156 – 159.

［221］ Graham Smith and Corinne Wales, Citizens Juries and Deliberative Democracy. *Political Studies*, Vol. 1, 2000.

［222］ Graham Smith, *Deliberative Democracy and the Environment.* London: Routledge, 2003, pp. 123 – 128.

［223］ Gregory, R. and Wellman, K. Bringing Stakeholder Values into Environmental Policy Choices: a Community – Based Estuary Case study. *Ecological Economics*, Vol. 1, 2001, pp. 37 – 52.

［224］ Grimble, R. , Chan, Stakeholder Analysis for Natural Rresource Management in Developing Countries: Some Practical Guidelines for Making Management more Participatory and Effective. *Natural Resources Forum.* Vol. 19, 1995, pp. 113 – 124.

［225］ Hannah Arendt, *Between Past and Future*, New York: Viking Press, 1968, pp. 220.

［226］ Harrison, G. W. , Lesley, J. C. Must Contingent Valuation Surveys Cost so Much. *Journal of Environmental Economics and Management*, Vol. 31, 1996, pp. 79 – 95.

［227］ Hayward Brownyn. M, The Greening of Participatory Democracy: Reconsideration of Theory. *Environmental Politics*, Vol. 4, 1995, pp. 215 – 236.

［228］Hbermas. J, *Towards a Rational Society.* Boston: Beacon, 1970, P. 216.

［229］Holling, C. S, From complex regions to complex world. Ecology and Society, Vol. 9, 2004, pp. 19 – 25.

［230］Holling, C. S. , Resilience and Stability of Ecological Systems. *Annual Review of Ecology and Systematics*, Vol. 4, 1973.

［231］Howarth Zagrafos, Deliberative Ecological Economics for Sustainability, *Govenrance, sustainability* 2010, pp. 399 – 3417.

［232］Ivan Zwart: A Greener Alternative? Deliberative Democracy Meets-Local Government, *Environmental Politics*, 2003, No. 12, pp. 23 – 48.

［233］J. Abramson, *We, the Jury: the Jury System and the Ideal of Democracy.* New York: Basic Books, 1994.

［234］Jacobs, M, Environmental Valuation, *Deliberative Democracy and Public Decision – Making Institutions. In Valuing Nature?* Economics Ethics and the Environment. London: Rouledge, 1997, pp. 211 – 231.

［235］Jacobs, M. , *The Politics of the Real World.* London: Earthscan, 1996.

［236］James Bohman. , *Public Deliberation: Pluralism, Complexity, and Democracy.* MA: MIT Press, 1996, pp. 148.

［237］JamesMeadowcroft, Deliberative Democracy. *In Environmental Governance Reconsidered: Challenges, Choices, and Opportunities*, MA: MIT Press, 2004, pp. 135.

［238］Janet Fisher, Wind Energy on the Isle of Lewis: Implications for Deliberative Planning. *Environment and Planning A*, Vol. 41, 2009, pp. 2516 – 2536.

［239］Jasper O. Kenter,, Niels Jobstvogtb, Verity Watsonc, Katherine N. Irvined, Michael Christiee, RosBrycef, The Impact of Information, Value – Deliberation and Group – Based Decision Makingon Values for Ecosystem services: Integrating Deliberative Monetary Valuation and Storytelling. *Ecosystem*

Services, Vol. 21, 2016, pp. 270 – 290.

[240] Jennifer Dodge, Environmental justice and deliberative democracy: How social change organizations respond to power in the deliberative system, *Policy and Society*, Vol. 28, 2009, pp. 25 – 28.

[241] Jenny Steele, Partification and deliberation in environmental law: exploring a problem – solving approach, *Oxford Journal of Legal Studies*, Volume 21, Issue 3, 2001, pp. 34 – 41.

[242] Jens Steffek, Discursive legitimation in environmental governance. *Forest Policy and Economics*, Vol. 11, 2009.

[243] J. Habermas, *Knowledge and Human Interests*. Boston: Beacon Press, 1971.

[244] Jim Dodge, Living By Life: Some Bioregional Theory and Practice. *Co Evolution Quarterly*, Vol. 32, 1981, pp. 26 – 34.

[245] Joel Feinberg. , The Rights of Animals and Future Generations. Georgia: University of Georgia Press, 1974, pp. 13 – 14.

[246] Johanne Orchard – Webba, Deliberative Democratic Monetary Valuation to implement the EcosystemApproach [J]. *Ecosystem Services*, Vol. 21, 2016, pp. 308 – 318.

[247] Johanne Orchard – Webba, Jasper O. Kenterb,, Ros Brycec, Andrew Churcha. Deliberative Democratic Monetary Valuation to Implement the Ecosystem Approach. *Ecosystem Services*, Vol. 21, 2016, pp. 308 – 318.

[248] John Barry, *Rethinking Green Politics*. London: Sage, 1999.

[249] John Charles Ryan, Humanity's Bioregional Places: Linking Space, Aesthetics, and the Ethics of Habitation Humanities. *Humanities*, Vol. 3, 2012, pp. 25 – 41.

[250] John Charles Ryan, Humanity's Bioregional Places: Linking Space, Aesthetics, and the Ethics of Reinhabitation. *Humanities*, Vol. 1, 2012.

[251] John Forester, *The Deliberative Practitioner: Encouraging Participatory Planning Processes*. Cambridge, MA: The MIT Press, 1999.

［252］John O'neil. Deliberative Democracy and the Environmental Policy. in *Democracy and the Claim of Nature*：*Critical Perspective for a new Century*, New York：Rowan& Little field Publishiers, 2002, pp. 197 - 211.

［253］John O'Neill, Representing people, Representing Nature, Representing the World. *Environment and Planning C*：*Government and Policy*, Vol. 19, 2001, pp. 483 - 500.

［254］John O'Neil. Markets, *Deliberation and Environment*. London and New York：Routlege, pp. 124 - 136.

［255］John Parkinson, Legitimacy Problems in Deliberative Democracy. *Political Studies*, Vol. 51, 2003.

［256］John R. Parkings, Public Participation as Public Debate：A DeliberativeTurn in Natural Resource Management. *Society and Natural Resources*, Vol. 18, 2005, pp. 529 - 540.

［257］John R. Parkins, Forest Dependence and Community Well - Being in Rural Canada：a longitudinal analysis. *Forestry*, Vol. 1, 2011.

［258］John S. Dryzek, *Discursive Democracy*：*Politics, Policy, and Political Science*. Cambridge University Press, 1990.

［259］John S. Dryzek, *Rational Ecology*：*Environment and Political Economy*. Oxford：Blackwell, 1987.

［260］John V. Krutilla, Anthony C. Fisher. , *The Economics Of Natural Environments*：*Studies in the Valuations of Commodity and Amenity Resources*. Washington DC：RFF Press, 2015.

［261］Johua Cohen, Procedure and Substance in Deliberative Democracy. *Democracy and Difference*, 1997, P. 100.

［262］Jonathan Aldred. It's good to talk：Deliberative institutions for environmental policy. *Philosophy & Geography*, Vol. 52, 1998, pp. 133 - 152.

［263］J. O'Neill and C. L. Spash, Conceptions of Value in Environmental Decision - Making. *Environmental Values*, 2000, 5.

［264］Joshua Cohen, Power and Reason. In *Deepening Democracy*：*Insti-*

tutional Inovations in Empowered Participatory Governance, New York, NY: Verso, 2003, pp. 237 – 255.

[265] Joshua Cohen, The Economic Basisof Deliberative Democracy. *Social Philosophy & Policy*, Vol. 6, 1989, P. 2.

[266] Jürgen Habermas, *The Structural Transformation of the Public Sphere: An Inquiry into a Category of Bourgeois Society*. Bonston: The MIT Press, 1991.

[267] J. S. Fishkin, *The Voice of the People: Public Opinion and Democracy*. New Haven, CT: Yale University Press, 1995.

[268] Judith E. innes and David E. Booher, Collaborative Policymaking: governance through dialogue, *Deliberative Policy Analysis*. London: Cambridge University Press, 2003, pp. 33 – 59.

[269] Judith Petts, Barriers to Participation and Deliberation in Risk Decisions: Evidence from Waste Management. *Journal of Risk Research*, Vol. 7, 2010, pp. 115 – 133.

[270] Judith Petts. Intelligent Systems to Support Deliberative Democracy *in Environmental Regulation*. Vol. 10, 2001.

[271] JurgenHabermas, *Towards a United States of Europe*. Bruno Kreisky Prize Lecture, 2006, P. 3.

[272] K. Callahan, Why Regional Planning: An Argument for Bioregionalism. *The law and The Landn*, Vol. 4, 1990.

[273] Kealy, M. J., Montgomery, M., Dovidio, J. F. Reliabilityand Predictive Validity of Contingent Values: Does the Natureof the Good Matter [J]. Journal of Environmental Economicsand Management. , No. 19, 1990, pp. 244 – 263.

[274] Kelvin J. Booth, Environmental Pragmatism and Bioregionalism. *Contemporary Pragmatism*, Vol. 9, 2012, pp. 67 – 84.

[275] Kenter, Jasper O., Liz O'Brien, Neal Hockley, Neil Ravenscroft, IoanFazey, Katherine N. Irvine, Mark S. Reed, Michael Christie,

Emily Brady, Rosalind Bryce, Andrew Church, NigelCooper, Althea Davies, Anna Evely, Mark Everard, Robert Fish, Janet A. Fisher, Niels Jobstvogt, Claire Molloy, Johanne Orchard – Webb, Susan Ranger, Mandy Ryan, Verity- Watson and Susan Williams, What are Shared and Social Values of Ecosystems? *Ecological Economics*, Vol. 11, 2015, pp. 86 – 99.

[276] Kirkpatrick Sale, *Dwellers in the Land: The Bioregional Vision*. Athens: University of Georgia Press, 2000.

[277] Klinke, A., Deliberative Transnationalism – Transnational Govern- ance, Public Participation and Expert Deliberation. *Forest Policy and Economics*, Vol. 11, 2009.

[278] Kristian Skagen Ekeli, Giving a Voice to Postersity – Deliberative Democracy and Democracy and Representation of Future People. *Journal of Agri- cultural and Environmental Ethics*, Vol. 5, 2005, pp. 429 – 450.

[279] Lade, S, Tavoni, Regime. Shifts in a Social – Ecological Sys- tem. *Trends in Ecology and volution*, Vol. 13, 2013, pp. 195 – 198.

[280] Lance H. Gunderson, *Panarchy: Understanding Transformations in Human and Natural Systems*. Island Press, 2002.

[281] Latour, B., *Politics of Nature. How to Bring the Sciences into De- mocracy*. Cambridge MA: Harvard University Press, 2004.

[282] Levin, S. A. Complex Adaptive Systems: Exploring the Known, the Unkown and the Unknowable. *Bulletin of American mathematical society*, Vol. 40, 1997, pp. 3 – 19.

[283] Lo, Alex Y, Analysis and Democracy: the Antecedents of the De- liberative Approach of Ecosystems Valuation. *Environment and Planning C – Gov- ernment and Policy*, Vol. 29, 2011, pp. 958 – 974.

[284] Loomis, J. B, Comparative Reliability of the Dichotomous Choice and Open – Ended Contingent Valuation Technique. *Journal of Environmental Economics and Management*, Vol. 18, 1990, pp. 78 – 85.

[285] Lorenzo Simpson. Communication and the Politics of Difference:

Reading Iris Young Constellations, 2010, Vol. 3, pp. 430 – 442.

[286] Lorna J. Philp & Douglas. Macmilian, Exploring Values, Context and Perceptions in Contingent Valuation Studies: The CV Market Stall Techniqueand Willingness to Pay for Wildlife Conservation. *Journal of Environmental Planning and Management*, Vol. 2, 2005, pp. 257 – 274.

[287] Maarten Hajer and Wytske Versteeg, A Decade of Discourse Analysis of Environmental Politics: Achievements, Challenges, Perspectives. *Journal of Environmental Policy & Planning*, Vol. 7, 2005.

[288] Mancur Olson, Dictatorship, Democracy, and Development, American Political Science Review, Vol. s, 1993, pp34 – 56.

[289] Manjusha Gupte, Robert V. Bartlet. Necessary Preconditions forDeliberative Environmental Democracy? Challenging the Modernity Bias ofCurrent Theory. *Global Environmental Politics*, 2007, P. 3.

[290] Marion Iris Young, *Justice and the Politics of Difference*. Princeton, NJ: Princeton University Press, 1990.

[291] Mark Lehtonen, Deliberative Democracy, Participation, and OECD Peer Reviews of Environmental Policies. *American Journal of Evaluation*, Vol. 27, 2006, pp. 185 – 201.

[292] Mark S. Reed a, Anil Graves c, Norman Dandy d, Helena Posthumus c, Klaus Hubacek b, Joe Morris c, Christina Prell e, Claire H. Quinn b, Lindsay C. Stringer, Who's in and why? A typology of stakeholder analysis methods for natural resource management. *Journal of Environmental Management*, Vol. 90, 2009, P. 178.

[293] Matthew A. Wilson. Discourse – based Valuation of Ecosystem Services: Establishing Fair Outcomes through Group Deliberation. *Ecological Economics*, Vol. 41, 2002, pp. 431 – 443.

[294] McGinnis, *Michael Vincent, Bioregionalism*. New York: Routledge Press, 1999.

[295] Michael Jacobs, *Environmental Valuation Deliberative Democracy*

and Public Decision – Making Institution. ValueNature？ Economics, Ethics and Environmen. London：Routledge. 1997.

［296］Michael Ray Harris, Environment Deliberative Democracy and the Search Administrative Legitimacy：A Legal PositivismApproach. *University of Michigan Journal of Law Reform*, Vol. 44, 2011.

［297］Michael Ray Harris, Intervention of Right in Judicial Proceedings to Review Informal Federal Rulemakings. *Social Science Electronic Publishing*, Vol. 3, 2011, pp. 879 – 921.

［298］Michael Saward, Democratic Innovation, *Deliberation*, *Representation and Association*. London：Routledge, 2000.

［299］Mikael Klintman, Participation in Green Consumer Policies：Deliberative Democracy under Wrong Conditions? *Jorunal of Consumer Policy*, Vol. 32, 2009, pp. 43 – 57.

［300］Mitchell R K, Agle B R, Wood D J, Toward a theory of stakeholder identification and salience：Defining the principle of who and what really counts. *The Academy of Management Review*, Vol. 4, 1997, pp. 853 – 886.

［301］M. Sagof, Aggregation and Deliberation in Valuing Environmental Public Goods：A look Beyond Contingent Pricing. *Ecological Economics*, Vol. 24, 1998, pp. 213 – 230.

［302］Nancy Johnson, Nina Lilja, Jacqueline A. Ashby and James A. Garcia, The practice of participatory research and gender analysisin natural resource management. *Natural Resources Forum*, Vol. 3, 2004, pp. 189 – 200.

［303］Nele Lienhoop, Douglas MacMillan, Valuing Wilderness in Iceland：Estimation of WTA and WTP Usingthe Market Stall Approach to Contingent Valuation. *Land Use Policy*, Vol. 24, 2007, pp. 289 – 295.

［304］Nick Hanley, Resilience in Social and Economic Systems：a Concept that Fails the Cost – Benefit test?. *Environment and Development Economics*, 1998.

［305］O'Malley P. Resilient subjects, Uncertainty, Warfare and Liberalism. *Economy and Society*, 2010, pp. 488 – 508.

[306] Patrick D. Smith, Maureen H. McDonough, Beyond Public Participation: Fairness in Natural Resource Decision Making. *Society & Natural Resources: An International Journal*, Vol. 3, 2001.

[307] Patrik Söderholm, The Deliberative Approach in Environmental Valuation. *Journal of Economic Issues*, Vol. 35, 2001.

[308] Paul C. Stern, Deliberative Methods for Understanding Environmental Systems. *Bioscience*, Vol. 55, 1998, pp. 976 – 982.

[309] Perlita R. Dicochea, Between Borderlands and Bioregionalism: Life – Place lessons along a Polluted River. *Journal of Borderlands Studies*, Vol. 25, 2010.

[310] Prell, C., Hubacek, K., Quinn, C. H., Reed, M. S., Who's in the network?' When stakeholders influence data analysis. *Systemic Practice and Action Research*, Vol. 21, 2008, pp. 443 – 458.

[311] Raj and Girffin. Mixing Values. Proceedings of the Aristoetlian society, 1978, Vol. 65, pp. 23 – 31.

[312] Ran Bhamra, Samir Dani a b & Kevin Burnard, Resilience: the Concept, a Literature Review and Future Directions. *International Journal of Production Research*, Vol. 49, 2011.

[313] Raymond, C., Kenter, J. O., Transcendental Values and the Valuation and Management of Ecosystem Services. *Ecosyst Serv*, Vol. 7, 2016, pp. 145 – 178.

[314] Regina Birner, Emergence, Adoption, and Implementation of Collaborative Wildlife Management or Wildlife Partnerships in Kenya: A Look at Conditions for Success. *Society & Natural Resources*, Vol. 5, 2007, pp. 379 – 395.

[315] Reinette Biggs, *Principles for Building Resilience*. London: Cambridge university press, 2015, P. 45.

[316] Renn, O., T. Webler, and P. Wiedemann, *Fairness and Competence in Citizen Participation: Evaluating Models for Environmental Discourse.*

Boston: Kluwer, 1995.

[317] Éric Darier, Clair Gough, Bruna De Marchi, Silvio Funtowicz, Robin Grove – White, Dryan Kitchener, Ângela Guimarães Pereira, Simon Shackley & Brian Wynne, Between Democracy and Expertise? Citizens' participation and Environmental Integrated Assessment in Venice (Italy) and St. Helens (UK). *Journal of Environmental Policy & Planning*, 1999.

[318] Richard Evanoff, Bioregionalism and Cross – Cultural Dialogue on a LandEthic, Ethics. *A Journal of Philosophy & Geography*, Vol. 2, 2007, pp. 141 – 156.

[319] Richard Kuper, Deliberating Waste: the Hertfordshire Citizens Jury. *Local Environment*, 1997, 2.

[320] Robards. M. L., The Importance of Social Drivers in the Resilient Provision of Ecosystem Services. *Global environmental change*, Vol. 21, 2011, pp. 522 – 529.

[321] Robert E. Goodin, Democratic Deliberation Within. *Philosophy Program*, 2000.

[322] Robert. E. Goodin, Enfranchising the Earth, and its Alternatives. *Political Studies*, 1996.

[323] Robert Goodin, Enfranchising the Earth, and its Alternatives. *Political Studies*, 1996, pp. 835 – 849.

[324] Robert Goodin, Input Democracy. *In Power and Democracy: Critical Interventions.* edited by Fredrik Englestad, Burlington, VT: Ashgate, 2004, pp. 79 – 100.

[325] Robert J. Brulle, Habermas and Green Political Thought: Two Roads Converging. *Environmental Politics*, Vol. 4, 2002.

[326] Robin Grimble, Trees And Trade – Offs: A Stakeholder Approach To Natural Resource Management. *Gatekeepers Series*, Vol. 52, 2010, pp. 135 – 167.

[327] Robyn Eckersley, Deliberative Democracy, Ecological Representa-

tion and Risk: Towards a Democracy of the Affected. *In The Green State and the Global Ecological Crisis?* MA: MIT Press, 2005, pp. 23 – 31.

[328] Robyn Eckersley. Environmental Pragmatism, Ecocentrism and Deliberative democracy. *in democracy and the claim of nature: critical perspective for a new century*, New York: Rowman& Littlefield Publishers 2002, pp. 49 – 70.

[329] Robyn Eckersley, The Discourse Ethic and the Problem of Representing Nature. *EnvironmentalPolitics*, Vol. 8, 1999, pp. 24 – 49.

[330] Rodela, R, Advancing the Deliberative Turn in Natural Resource Management: An analysis of Discourses on the Useof Local Resources. *Journal of Environmental Management*, Vol. 96, 2012, pp. 26 – 34.

[331] Rolf Lidskog & Ingemar Elander, Representation, Participation or Deliberation? Democratic Responses to the Environmental Challenge. *Space and Polity*, No. 11, pp. 75 – 94.

[332] Ronnie D. Lipschutz, Enviromental History, Political economy and Policy: Re – Discovering lost Frontiers in Environmental Research. *Global Environmental Politics*, Vol. 8, 2001, pp. 72 – 91.

[333] Rudolf S. de Groot, A Typology for the Classification Description and Valuation of Ecosystem Functions, Goods and Services, *Ecological Economics*, Vol. 3, 2002, pp. 393 – 408.

[334] Sagoff, M, Aggregation and Deliberation in Valuing Environmental Public Goods: ALook Beyond Contingent Pricing. *Ecological Economics*, Vol. 24, 1998, pp. 213 – 230.

[335] Schkade, D. A., Payne, J. W., Where do the Numbers Come From? How People Respond to Contingent Valuation Question, In Hausman, J. A. (Ed.), *Contingent Valuation: A Critical Assessment. Amsterdam*: North Holland Press 1993, pp. 271 – 304.

[336] Sherry R Arnstein, A Ladder of Citizen Participation, *JAIP*, Vol. 35, 1969, pp. 31 – 35.

[337] Simon Niemeyer and John S. Dryzek, The Ends of Deliberation:

Meta-consensus and Inter-subjective Rationality as Ideal Outcomes. *Swiss Political Science Review*, Vol. 13, 2007.

［338］Simon Niemeyer, Deliberation in the Wilderness: Displacing Symbolic Politics. *Environmental politics*, Vol. 3, 2004, pp. 347 – 372.

［339］Stephen Zavestoski, Democracy and the Environment on the Internet Electronic Citizen Participation in Regulatory Rulemaking Science, *Technology*, *&Human Values*, Vol. 3, 2006, pp. 383 – 408.

［340］Stephen Zavestoski, Stuart Shulman and David Schlosberg, Democracy and the Environment on the Internet Electronic Citizen Participation in Regulatory Rulemaking. *Science*, *Technology & Human Values*, Vol. 31, 2006.

［341］Stewart Fast, A Habermasian Analysis of Local Renewable Energy Deliberations. *Journal of Rural Studies*, Vol. 30, 2013.

［342］Studies: The CV Market Stall Techniqueand Willingness to Pay for Wildlife Conservation. *Journal of Environmental Planning and Management*, Vol. 2, 2005, pp. 257 – 274.

［343］Tim Foysh, *Critical Political Ecology: the Politics of Environmental Science*. London: Routledge, 2004, P. 25.

［344］Tim Hayward, *Political Theory and Ecological Values*. Cambridge: Polity, 1998.

［345］Tobias Krueger, Trevor Page b, Klaus Hubacek Laurence Smith d, Kevin Hiscock, The Role of Expert Opinion in Environmental Modeling. *Environmental Modelling & Software*, 2012, P. 36.

［346］Torgerson, D., *The Promise of Green Politics. Durham*. NC and London, Duke University Press, 1999.

［347］Vale, L. J. and Campanella, T. H. The Resilient City: *How Modern Cities Recover from Disaster*. New York: Oxford University Press, 2005.

［348］Walker, B. H. and Myer, Thresholds in Ecological and Socio – Ecological System: a Developing Database. *Ecology and Society*, Vol. 9, 2004.

［349］Walter F. Baber and Robert V. Barelett, *Deliberative Environmental*

Politics. MT：The MIT Press，2005.

［350］Walter F. Baber，Ecology and Democratic Governance：Toward a Deliberative Model of Environmental Politics. *The Social Science Journal*, Vol. 41，2004.

［351］Walter F. Baber. Problematic Participants in Deliberative Democracy：Experts，Social Movements，and Environmental Justice. *International Journal of Public Administration*，Vol. 30，2007.

［352］Warren，Mark E. ，Deliberative Democracy and Authority. *American Political Science Review*，Vol. 1，1996.

［353］Webler，T. ，Kastenholz H. ，Renn，O. ，Public Participation in Impact Assessment：A Social Learning Perspective. *Environmental Impact Assessment Review*，Vol. 15，1995，pp. 443 – 463.

［354］Wetherell，M. ，Taylor，S. & Yates，J，*Discourse theory and practice. A reader* London：Sage，2001.

［355］Whittington，D. ，Smith，V. K. ，Okorafor，A. ，Okore，A. ，Liu，J. L. ，McPhail，A. Giving Respondents Time to Think in Contingent Valuation Studies：a Developing Country Example. *Journal of Environmental Economics and Management*，Vol. 22，1992，pp. 205 – 225.

［356］World Commission on Environment and Development：*Our Common Future*. Oxford：Oxford University Press，1987，P. 46.

［357］Worster D. ，*Nature's Economy：A History of Ecological Ideas*. Cambridge：Cambridge University Press，1992.

后　记

　　本书是在国家社科基金项目《协商民主环境决策机制研究》的基础上完成的。由于刚刚进入相关研究领域，本书经历了一个较为漫长的研究与写作过程，其间既有思如泉涌的喜悦，也有提笔无言的彷徨，而支持我继续下去的动力来自我所有老师、同事和家人长久以来的支持。

　　感谢国家社会科学基金给了我研究协商民主与环境治理问题的机会，感谢中央财经大学财经研究院张晓涛、林光彬两任院长对我研究的肯定与支持，感谢经济科学出版社王娟编审的帮助，正是有了你们的热情相助，我才能够将自己的研究成果顺利付梓。

　　人们常说站在伟人的肩膀上才能看得更远，本书在研究与写作过程中参考了诸多国内外学者的研究成果，书中均已注明，并在此表示诚挚的敬意和感谢。

　　协商民主环境决策机制还是一个较为新颖的研究领域，加之自身有限的研究能力与条件，书中难免存在一些需要商榷的地方，欢迎各位专家学者提出意见和建议，我将在之后的学术生涯中加以完善。

李　强

2020 年 5 月于黄寺